北京农业科技大讲堂
专题汇编

BEIJING NONGYE KEJI DAJIANGTANG
ZHUANTI HUIBIAN

于 峰　罗长寿　孙素芬 ◎ 主编

U0226595

科学技术文献出版社
SCIENTIFIC AND TECHNICAL DOCUMENTATION PRESS
·北京·

图书在版编目（CIP）数据

北京农业科技大讲堂专题汇编 / 于峰，罗长寿，孙素芬主编. —北京：科学技术文献出版社，2022.6

ISBN 978-7-5189-9232-4

Ⅰ. ①北… Ⅱ. ①于… ②罗… ③孙… Ⅲ. ①农业科技推广 Ⅳ. ① S3-33

中国版本图书馆 CIP 数据核字（2022）第 095414 号

北京农业科技大讲堂专题汇编

策划编辑：郝迎聪　责任编辑：李　晴　责任校对：张永霞　责任出版：张志平

出 版 者	科学技术文献出版社	
地　　址	北京市复兴路15号　邮编　100038	
编 务 部	（010）58882938，58882087（传真）	
发 行 部	（010）58882868，58882870（传真）	
邮 购 部	（010）58882873	
官 方 网 址	www.stdp.com.cn	
发 行 者	科学技术文献出版社发行　全国各地新华书店经销	
印 刷 者	北京时尚印佳彩色印刷有限公司	
版　　次	2022 年 6 月第 1 版　2022 年 6 月第 1 次印刷	
开　　本	880×1230　1/32	
字　　数	182千	
印　　张	6.625	
书　　号	ISBN 978-7-5189-9232-4	
定　　价	48.00元	

《北京农业科技大讲堂专题汇编》

编委会

编者说明

北京农业科技大讲堂汇聚了一批理论基础扎实、实践经验丰富、具有良好群众基础的农业专家，其中不乏科研推广一线的知名专家和农业工作一线的技术干部，他们熟悉农村工作，懂得农民需求，了解教育培训需求和流程，可将复杂的农业技术问题用通俗易懂的方法进行讲授。大讲堂课程播出后受到农业技术人员、农民和农业企业人员等的一致欢迎，很多观众留言希望能够获得相关讲解材料并做进一步深入学习。

本书以农业技术推广和科普为主要目标，对农业科技大讲堂部分专家的直播内容进行了整理汇编。通过图文并茂的形式，力求内容通俗易懂。本书涉及蔬菜、果树、养殖、粮食、食用菌等方面技术内容，其中，包括课程主题、专家介绍、专家照片、课程视频（二维码）、专题正文、图片、问题解答等。

鉴于编者技术水平有限，书中不尽如人意之处在所难免，敬请各位同行和广大读者批评指正！

读者可以扫描以下二维码进入农业科技大讲堂的主页查找相关专题视频。

课程视频二维码

目 录

露地蔬菜生产关键技术和出现问题及解决措施

● 专家介绍

陈春秀，1983 年毕业于北京市农业学校，1986 年毕业于北京农业大学园艺系蔬菜专业。1983 年 2 月就职于北京市农林科学院蔬菜研究中心，推广研究员。1995 年被评为"北京市有突出贡献青年知识分子"，2000 年被评为"重庆市有突出贡献先进工作者"，2007 年被评为"北京市三八妇女红旗手"，2008 年被评为"北京市惠农科普专家"，2010 年被评为"北京市'十佳'农村经济工作者"，2007 年、2011 年被评为"北京市农

林科学院郊区科技服务先进个人"。2015 年、2019 年获北京市农林科学院"郊区推广突出贡献奖"，2018 年入选"北京周榜样"，2020 年获全国科技助力扶贫先进个人奖。

主要从事西瓜新品种选育及栽培技术研究与推广，在设施蔬菜高效栽培技术、品种优化、栽培新模式创造、蔬菜育苗基质研发和利用等方面取得多项成果。其选育的京欣一号西瓜创造了我国第一个西瓜杂交种，全国每年种植面积 500 万亩。至今京欣一号也为广大育种家提供了育种素材。1991 年"京欣一号西瓜选育及推广"获农业部科学技术进步奖一等奖。

工作近 40 年来，参加、主持重大科研项目共 57 项。共获奖 15 项。其中，获农业部、北京市科学技术进步奖一等奖 4 项；获国家科学技术进步奖三等奖 1 项；获北京市星火奖三等奖 1 项；获北京市农业技术推广奖一等奖 2 项；获北京市农林科学院科技奖 7 项。

发表论文 20 多篇，合作出版科技著作 5 部，主要著作有《西瓜品种与栽培技术知识问答》《设施黄瓜高效栽培技术》等。发表论文有《适合北京地区春大棚栽培黄瓜品种的筛选》《不同砧木嫁接对西瓜生长和品质性状的影响》等。

课程视频二维码

一、露地蔬菜品种及茬口安排

(一)露地蔬菜种类

①叶菜类：生菜、油菜、苋麦菜、小白菜、香菜、韭菜、葱蒜类、大白菜、萝卜等。其他叶菜类：茼蒿（大叶茼蒿、小叶茼蒿）、菠菜、空心菜、荠菜、苋菜、曲麻菜、紫苏、叶用板蓝根等。

②果菜类：番茄、茄子、甜辣椒、苦瓜、丝瓜、南瓜、冬瓜、黄瓜等。

(二)露地蔬菜茬口安排

①露地果菜类定植时间：在没有任何保护措施情况下，北京地区一般在4月25日断霜后定植。

②露地小拱棚果菜类定植时间，可以在4月中上旬定植。

③露地小拱棚生产的叶菜类。成本低，效益好。每年3月露地小拱棚内可以定植各种叶菜类。5月初收获，一年可以种4茬。

④露地叶菜类。在没有任何覆盖的情况下，如菠菜可以顶凌播种。地膜生菜、甘蓝、西蓝花、白菜花等3月15日定植。

(三)露地蔬菜品种

1. 茄果类

①番茄：选择耐裂、抗病的品种，如硬粉8号、金棚18、金棚58、荣威、汉姆（图1）、中研968（图2）、瑞粉882、普罗旺斯、京丹8号、红贝贝（图3）、黄贝贝（图4）等。

图1 汉姆　　　图2 中研968　　　图3 红贝贝　　　图4 黄贝贝

②茄子：一般选择种早熟品种，如布丽塔（图5）、硕源黑宝（图

6）、京茄 5 号、六叶茄等。

图 5　布丽塔　　　　　　　　图 6　硕源黑宝

③ 甜辣椒：生长势强、抗病毒病的品种。长剑（图 7）、京甜 3 号
（图 8）、京辣 4 号（图 9）、京辣 8 号、中椒 7 号、国禧 109、国福 308、
国福 901 及朝天椒类型的品种等。

图 7　长剑　　　　　图 8　京甜 3 号　　　　　图 9　京辣 4 号

2. 瓜类及豆类

① 黄瓜：选择抗病露地专用品种，如京研 402、京研 403、京春绿、
中农 16（图 10）、唐山秋瓜、京研秋瓜等。

图 10　中农 16

②南瓜：选择品质好、抗病毒病的品种。如味黄、味平、蜜本（图11）、京红栗（图12）、京绿栗、特色小南瓜 [贝贝（图13）、金香玉（图14）] 等。

图11　蜜本　　　　图12　京红栗　　　　图13　贝贝　　　　图14　金香玉

③丝瓜：肉丝瓜（图15）、长丝瓜、棱丝瓜。

图15　肉丝瓜

④苦瓜：生产上常见的苦瓜类型，如长白苦瓜（图16）、绿苦瓜、白玉苦瓜（俗称凉瓜）（图17）。

图16　长白苦瓜　　　　图17　白玉苦瓜

⑤冬瓜：按冬瓜的熟性可分为3种类型：早熟品种、中熟品种和晚熟品种。代表性品种，如一串铃4（图18）、绿宝石11号、铁心999、巨人二号黑皮（图19）、宏大1号冬瓜等。

图18　一串铃4　　　　　图19　巨人二号黑皮

⑥露地瓠瓜、西葫芦（图20）：选择抗白粉病的品种。

图20　西葫芦

⑦露地架豆、豇豆［白不老（图21）、绿龙（图22）等］。

图21　白不老　　　　　图22　绿龙

二、露地蔬菜生产倒春寒、晚秋后早霜的应对措施及应注意的技术环节

（一）露地蔬菜倒春寒及晚秋后早霜问题

① 谷雨在 4 月 19—21 日交节。耐寒的叶菜可以正常生长，但对于露地种植喜温的果菜类，没有任何措施下，此期间定植是有很大风险的。一般要等晚霜过后，才能定植。北京地区晚霜一般在每年 4 月 25—28 日。露地果菜类定植时间在晚霜之后才能定植。也有特殊的年份，如 2021 年 4 月 30 日北京最后一次晚霜，有很多早定植露地果菜类，因为这次晚霜而冻死，造成了很大损失。

② 露地蔬菜为了早定植、提早上市，采取小拱棚，由于天气变化比较快，特别是晴天时温度变化大，避免因为中午放风不及时，造成植株叶片严重失水、萎蔫及烤苗等现象。合理放风降低棚内湿度，减少病害发生。

③ 晚秋后早霜问题。寒露在 10 月 8—9 日之后，夜间最低气温在 3 ℃左右，容易出现早霜，应注意果菜类尽早收获，特别是茄果类、瓜类。

（二）露地蔬菜倒春寒及晚秋后早霜问题的应对措施

对于春季及秋季露地蔬菜生产来讲，每年倒春寒和晚秋后的早霜都会给蔬菜生产造成一定的损失，应高度重视。

① 应及时关注天气预报，做好防范措施。

② 露地果菜类，特别是没有任何防护的条件下，要在晚霜后定植，以确保安全生产。各地的晚霜来临时间不一样，应注意天气预报。

③ 秋季早霜，在寒潮来临前，应及时收获；或可以用地膜加盖小拱棚的形式避免寒潮袭击，还可以利用灌水方式预防寒潮的袭击。

（三）露地果菜类应注意的技术环节

① 保墒。春季阳光充足，大风天气多，空气干燥，蒸发量大，应注意土壤保墒。

② 注意防春季蚜虫、菜青虫、小菜蛾。5 月初蚜虫繁殖能力强，是危害露地蔬菜最严重的时期，应定期进行药剂防治。5 月下旬是小菜蛾、菜青虫高发期，应注意防治。

③ 夏季雨季来临时，防范内涝，田间要有排水沟，做到旱能浇、涝能排。

④ 北方地区到了 7—8 月雨季时，湿度明显上升，果菜类病害容易发生。例如，茄果类晚疫病、脐腐病、筋腐病比较严重，瓜类白粉病、霜霉病、病毒病等易发生。采取有效的技术措施以降低病害发生。

⑤ 合理管理水肥，提高产量和商品性。适时进行水肥管理，根据蔬菜生长阶段对水肥的需求进行管理。例如，膨果期是需求水肥量最多的时期，可以加大水肥量的给予。

三、露地果菜类生长中易出现的问题及解决措施

（一）茄果类、南瓜落花、落果现象及解决措施

1. 温度不适宜，引起落花落果

茄果类开花授粉期最适宜的温度在 20 ~ 28 ℃，高于 32 ℃低于 15 ℃授粉不良，易引起落花落果，特别是辣椒、甜椒和茄子。往往夏季茄果类开花时，正处于高温季节，白天温度在 35 ℃以上，从而影响茄果类开花坐果。南瓜授粉对温度和授粉时间的要求更加严格。授粉温度范围在 18 ~ 28 ℃，最适宜的温度在 25 ℃左右。超过 30 ℃以上，或低于 15 ℃，都会造成授粉不良，特别是高温引起花粉败育。温度低授粉不良，坐不住瓜，特别是授粉时间，每天上午 7:00—10:00，花粉从成熟到衰败一般需 7 ~ 8 小时，活力最强 4 小时左右。另外，花粉在干燥或湿度大时，会破裂，失去活性。

2. 生长不均衡，营养生长过旺，造成落花、落果

营养过旺，会引起落花、落果。茄果类、南瓜要进行严格整枝，苗期到开花期时，要控制水肥，避免生长过旺。底肥多施有机肥，少施氮肥。

3. 授粉

① 开花时，采用雄蜂，或蜜粉授粉，促进坐果；② 采用人工授粉；③ 授粉时间一定要把控好。

（二）茄果类常见生理病害发生原因及防治措施

辣椒脐腐病（图 23）发生的主要原因：① 直接原因是缺钙，但是

该病的发生和品种的抗病性、土壤的盐分、化肥的用量及灌溉是否及时有关；②干旱、缺水；③氮肥过多，钾肥少；④土壤板结，不利于水分、养分吸收。

防治措施：多施有机肥，保持土壤湿润，小水勤浇，多施钾肥。可以用叶面补钙的方法应对，用百万分之五的氯化钙加3‰的磷酸二氢钾做叶面肥喷施几次。

图23　辣椒脐腐病

番茄筋腐病（图24）发生的主要原因：①与品种有关，有些品种易发番茄筋腐病；②氮肥多，光照不足。

防治措施：①日光温室及大棚尽可能用新膜，以增加和提高透光性；②在阴天光照较弱的情况下，可以采取补光措施；③在膨果期少施氮肥，增加磷钾肥施入量；④在番茄筋腐病刚刚发生时，喷洒0.5% ~ 1%的蔗糖加0.1% ~ 0.2%的磷酸二氢钾。

图24　番茄筋腐病

四、露地叶菜类栽培技术

（一）露地叶菜类种类

① 生菜：有皇帝、射手 101、大湖、皇后、美国大速生、生菜王、玻璃生菜、紫叶生菜等品种。

② 京研快菜：苗用，28 ~ 30 天开始收获，单株重 200 ~ 250 g，抗热、抗湿、抗病、无毛，品质极佳，适宜密植。

③ 京春娃 2 号：定植后 45 ~ 50 天收获，球重 300 ~ 500 g，晚抽薹、黄心、抗病，商品性好，适宜密植。

④ 北京新 3 号：生长期 80 天，球重 4.2 kg，球高约 33 cm，球直径 19 cm，抗病、耐贮运，商品性好，口味极佳。

⑤ 京秋 1518：秋播晚熟大白菜一代杂种，生育期 80 天左右，生长势旺，叶球高约 31 cm，球宽 19 cm，平均单株重 5.5 kg 左右。抗病毒、霜霉病和软腐病。

⑥ 春甘 6 号：极早熟，定植后 50 ~ 55 天收获。植株长势强，株形紧凑。叶球紧实，圆球形，单球重 1.2 kg，耐裂球、耐抽薹。

⑦ 紫甘 2 号：中早熟，从定植到收获 70 天左右，单球重 1.5 kg，圆球形，叶球紧实、耐裂，适合春、秋季栽培。

⑧ 青松 65：松花菜一代杂种。中熟品种，秋季从定植到收获 70 天左右，春季 60 天左右。植株长势强，花球松、白，花梗浅绿；单球重 1 kg 以上。适宜秋季栽培。

⑨ 耐寒优秀：生长势强，叶片蜡质厚，叶柄短，叶卵形；花蕾小而紧密，鲜绿色，不宜变色；单球重 600 ~ 800 g。一般定植后 80 天左右采收，全生育期 110 天左右，早熟，抗黑腐病。

（二）露地叶菜类育苗

1. 自动化播种及水肥管理

自动播种机可以每天播种 1200 盘，而人工只能播种 60 ~ 100 盘。自动水肥管理在大大节省人力的同时，还可以保证苗整齐一致。自动化育苗基地如图 25 所示。

图 25　自动化育苗基地

2. 水培育苗

夏季育苗，赶上高温，生菜育苗比较困难，特别是芹菜，在高温季节不容易发芽，所以在夏季育苗基本上会采用降温措施，如水培育苗，水是非常好的降温媒介。首先挖池子，放入 25 cm 深的水，再把播好种的穴盘直接漂在水面上，一个月时间水温不会升高到 18 ℃，苗长得非常整齐一致，而且容易出苗整齐一致。如生菜和芹菜，如果常规育苗，15 天发芽都很难，以水为媒介把温度降低，降低到适应生菜和芹菜生长的温度，就可顺利发芽，育苗问题就迎刃而解了。简易式水培育苗如图 26 所示。

a　　　　　　　　　　　　b

图 26　简易式水培育苗

（三）露地叶菜类栽培

1. 露地甘蓝栽培技术

（1）品种选择

早熟、品质好。中甘 21 号、中甘 26 号、京研 6 号、牛心形甘蓝等。

（2）播种育苗期

春季育苗 55 ~ 60 天。根据当地气候条件，露地气温不低于 5 ℃条件下，可定植。北京地区有地膜的情况下一般 3 月 15 日定植，无地膜的情况下 3 月 25 日左右定植。根据定植期，推算播种育苗期。

（3）定植后田间管理

① 整地作畦：小高畦，畦高 10 ~ 20 cm、畦面宽 60 ~ 80 cm。用幅宽 80 ~ 100 cm 的地膜覆盖栽培。② 定植：定植苗龄为 60 天左右，叶片数在 5 片左右。选晴天上午栽苗，双行定植，株行距（35 ~ 40）cm × 50 cm，每亩[①]定植 4500 ~ 5000 株。③ 缓苗前管理：定植后缓苗前应以增温、保温为主。保持在白天 20 ℃ 以上，夜间 10 ℃ 以上，不低于 5 ℃。④ 缓苗后管理：缓苗后，浇一次缓苗水，选晴天的上午进行浇水。⑤ 莲座期与结球期的管理：莲座期和结球期是两个需水需肥高峰期。莲座期适时追肥是丰产的一个重要环节，追肥以氮肥为主，使外叶充分长大，为进入结球期和叶球的生长打下良好的基础。如果莲座期缺乏氮肥，将影响结球大小。即使进入结球期后也要补充足够的氮肥，如果肥水不足会影响叶球生长，从而直接影响叶球的产量。

莲座期温度白天控制在 15 ~ 25 ℃，夜间在 10 ~ 15 ℃，土壤湿度在 70% ~ 80%。进入结球期，心叶内卷形成的小叶球不断增大，当小叶球长到直径 4 ~ 5 cm 时，即进入第 2 个需肥高峰（在第 1 个需肥高峰后的 20 天左右），养分的需求量急速增加，应根据底肥施用量及植株生长情况，追施 1 ~ 2 次肥。每次随水追施硝酸钾 15 kg/ 亩或硫酸钾 20 kg/ 亩，用 0.3% 的磷酸二氢钾进行叶面追肥。

（4）采收

适时采收，当叶球最外叶表面呈亮绿色时，叶球内已达七八成充实，即可采收。采收时应根据下茬生产需要，或间隔采收，定植下茬作物；或集中采收，净地进行再生产。

2. 露地娃娃菜栽培技术

北京地区分为早春茬和秋茬。早春茬在 2 月中旬育苗，3 月中下旬

---

① 1 亩 ≈ 667 m²。

定植，5月中旬收获。秋茬可以采用直播的方法种植，在8月下旬直播，10月底或11月初收获。

（1）选择品种

① 选种播种：选用优良品种，选择个体小、株型优美、早熟、抗热、抗病力强的品种，如高丽贝贝、春秋美冠、高丽金娃娃、春月黄、红宝贝、京春娃2号等。② 播种方式：第一，按照一定的株行距进行点播。露地娃娃菜一般采用25 cm见方的形式播种，即株行距都是25 cm。每亩大约8000株。第二，先进行穴盘育苗，再进行移栽。

（2）田间管理

① 直接播种：在幼苗刚长到2～3 cm时，如果土壤表面干燥浇一次水，进行间苗。当幼苗长出3～4片叶时，进行第一次施肥，以氮肥为主，每亩追施5～7 kg尿素；第二次施肥在长出6～7片叶时进行，此次可以追施含氮磷钾的水溶肥（20:5:15）；第三次施肥也是最重要的一次施肥在抱球期，为了使娃娃菜包得紧实又鲜嫩，追施氮磷钾的水溶肥（10:5:36）。② 育苗移栽：定植缓苗后进行追肥。第一次施肥在长出6～7片叶时进行，追施含氮磷钾的水溶肥（20:5:15）；第二次在抱球期，追施氮磷钾的水溶肥（10:5:36）。

3.露地绿菜花栽培技术

（1）选择品种

耐寒优秀：生长势强，叶片蜡质厚，叶柄短，叶卵形；花蕾小而紧密、鲜绿色，不宜变色；单球重600～800 g。一般定植后80天左右采收，全生育期110天左右，早熟，抗黑腐病。3月中旬至7月中旬均可播种。一年种植两茬（春茬和秋茬）平均亩产2176 kg。

（2）育苗时间及茬口

北京地区栽培绿菜花一年两茬：春茬、秋茬。春茬：1月底育苗，3月初至中旬定植，5月初至中旬收获。秋茬：6月中下旬育苗，7月中下旬定植，9月中下旬至10初收获。

（3）定植

绿菜花适应性强，对土壤要求不严格。但生长势强，需肥量大，整地前应重施底肥。多行平畦栽培，畦宽 1.4 m，每畦栽双行，行距 70 cm，株距 30～35 cm，每亩定植 2500～3000 株。春季为了提高地温，也可采用起垄栽培，加地膜覆盖，采用大小行栽培。大行距 1.3 m，小行距 50 cm，株距为 35～40 cm。

（4）田间管理

春季栽培，前期要注意松土保墒提温；秋季应注意经常中耕除草，降温保墒。绿菜花喜肥水，在重施基肥的基础上，要注意追施发棵肥和膨球肥，特别要注意磷、钾肥的施用。在花球形成期，还可叶面喷施磷、钾、硼肥，对增加花球产量、改善品质具有良好效果。绿菜花生长势强，叶片表面蜡粉厚，抗病能力较强，一般很少发病。随着栽培面积和重茬栽培的不断增加，绿菜花黑胫病、黑斑病等有一定发生和危害，应注意药剂及时防治。

适当的苗龄，6～7 片叶时定植，每亩定植 3000～3500 株。每亩定植施优质腐熟农家肥料 4000 kg、过磷酸钙 40 kg、尿素 10 kg 作为底肥，10～12 片真叶时结合浇水每亩追施尿素 8～10 kg。

（5）采摘

绿菜花的花球看似非常膨大，且花蕾还没有开放，这时为最好的采摘时期，采收太晚，或者是等着花蕾开了，会影响绿菜花的品质和商品性。采摘时，从花茎下 10 cm 左右割下，这对于第二次的采收很有帮助，在收完第一个绿菜花主花球后，在茎的左、右侧会再次长出侧球。一般绿菜花可以收割 2～3 次，所以在第一次采摘时一定要及时把主花球收获，保留好侧球。

五、露地蔬菜病虫害防治

（一）果菜类病虫害

① 病害：番茄晚疫病（图 27），茄子棉疫病、黄萎病（图 28），辣椒青枯病、病毒病，黄瓜白粉病、霜霉病（图 29、图 30），南瓜白粉病、病毒病等。

图 27　番茄晚疫病　图 28　茄子黄萎病　图 29　黄瓜白粉病　图 30　黄瓜霜霉病

②虫害：蚜虫、粉虱、棉铃虫、红蜘蛛、茶黄螨、潜叶蝇等。

（二）叶菜类病虫害

①病害：白菜、娃娃菜软腐病（图 31），甘蓝黑腐病（图 32），绿菜花黑腐病（图 33）等。

　图 31　白菜软腐病　　　图 32　甘蓝黑腐病　　　图 33　绿菜花黑腐病

②虫害：蚜虫、小菜蛾（图 34）、菜青虫、潜叶蝇等。

图 34　小菜蛾

六、问题解答

（一）露地番茄什么时候开始搭架？

答：露地番茄基本上是晚霜之后定植，2021 年的晚霜是 4 月 30 日，在没有任何保护措施的情况下，于 4 月 30 日之后定植。如果按照正常年份，一般是 4 月 25 日或 4 月 28 日之后定植番茄。定植、缓苗，第一穗花显蕾之后，基本上是在长出 7 ~ 8 片叶时，就可以搭架了。

（二）春棚种植的西瓜采收后，下茬种植什么蔬菜？

答：大棚西瓜收获期一般在 5 月底或 6 月初。下茬如果种植果菜类，特别是茄果类，要在 6 月初定植。提前 40 天左右育苗。种植番茄，到 10 月底可收获 4、5 穗果。也可以种植耐热的黄瓜，选择博美、京研 118 等结瓜非常多的雌性系黄瓜作为夏季栽培的品种。还可以在 8 月定植松花菜、绿菜花、芹菜、豇豆、苦瓜等。

（三）露地蔬菜白粉虱如何防治？

答：露地蔬菜白粉虱比较难治。第一，防治成虫，打药时间要趁露水没干时进行喷药，白粉虱附着在叶片背面，翅膀软的时候，这样药效比较好。第二，白粉虱繁殖能力特别强，3 天一代，在叶片背面产卵，防治时用杀卵剂，在孵化之前防治。

（四）架豆开花少怎么办？

答：架豆种植过密，生长势过旺，开花会少。架豆在开花期间一定不要浇水，浇水会造成落花落果。

补救措施：少施氮肥，开花之前保持土壤湿润，浇水不宜过多，这样有利于花芽分化，使花顺利开放、结荚。

韭菜轻简化、优质、高效栽培技术

● 专家介绍

张宝海，研究员，主要进行特菜品种引进、种植、推广等方面的科研工作，从事蔬菜育种与栽培方面工作30多年，实践经验丰富，其从事的特菜品种与栽培技术研究在国内属于领先水平。目前对100多种蔬菜的特征特性有着较深的了解，掌握其基本的栽培技术。2008年北京奥运会火炬手、北京蔬菜学会理事、"北京农科热线"咨询专家、第三届北京"三农"新闻人物，获得北京市科学技术进步奖1项、北京市农业技术推广奖4项，发表论文40余篇，出版专著4部。

课程视频二维码

一、概述

（一）韭菜的植物学特征

1. 根

韭菜的根属于弦状根，分为吸收根、半贮藏根和贮藏根。耐旱、再生能力强，吸收能力弱。

2. 茎

韭菜的茎属于短缩茎（鳞茎盘）、根状茎，人们看到的商品韭菜上着生叶片的所谓"茎"，其实是假茎。短缩茎耐寒、耐旱、再生能力强。

3. 叶

韭菜的叶片扁平带状，叶片表面有蜡粉，气孔陷入角质层。属耐旱叶型。

从特征看：韭菜耐寒、耐旱、再生能力强。属于"好养活"的蔬菜类型。

（二）韭菜的习性

1. 多年生

能够多年生，就要既耐寒又耐热，耐寒性强，能耐-40 ℃的低温。但显然，韭菜的耐热能力不如其耐寒能力。在低温下长得更好，品质更好。

2. 分蘗

韭菜属于分蘗力强的蔬菜品种，一年生单株分蘗9个左右，3年生分蘗35个以上。如果早春定植10株，冬季可形成100株，定植得越稀，植株分蘗得越多，植株越粗壮，质量越好。所以韭菜不用以密度求产量。定植越早，分蘗越多（图1）。

图 1　韭菜分蘗

3.跳根

韭菜的根着生于短缩茎的基部，随着茎的生长更新与分蘖，根也会随着生长，老根不断死亡，于是就形成了"跳根"现象（图2）。

图2　韭菜跳根

4.休眠

南方的地方品种休眠浅或不休眠，北方的地方品种越冷的地方休眠越长，温室种植应选择不休眠的品种，也可选择休眠的品种，但种植时一定要有一定的低温期让其度过休眠，再进行正常栽培。

二、韭菜的品种类型及选择

（一）休眠品种

休眠品种一般植株平展，叶色绿，味道浓。休眠品种中，休眠也有深有浅，一般适合露地和拱棚早熟栽培，如大金钩、竹竿青、红根韭菜、久星23号、久星25号、海韭6号、冬韭王等。

（二）不休眠品种

不休眠品种一般株型直立、紧凑，叶色偏浅，产量高。适合冬季温室高产栽培，如791雪韭、久星16号、久星18号、航研998、平丰8号、平丰7号、棚宝、海韭5号（浅休眠）。

三、韭菜的种植方式

（一）直播

①撒播：随意撒播，生产上一般不用。

② 条播：生产上常用，播的时候密度大。

③ 穴播：管理容易，看似密度小，实际也是一种很好的方式。

（二）育苗移栽

① 大地平畦育苗：传统育苗方式，一般采用条播，2～3个月后移栽。费工、费力。

② 穴盘育苗：结合韭菜的特点，应用温室、穴盘等现代技术的一种育苗方式。

韭菜种子出苗慢，单子叶出苗，子叶细弱，苗期生长慢，这给直播的田间带来很大的麻烦，如占地时间长、杂草危害等。

四、穴盘育苗

（一）技术要点

① 穴盘：使用128孔或72孔穴盘均可，越大越好，但成本高。

② 播种：一般每穴播种10～15粒。

③ 千粒重：韭菜千粒重4 g左右。注：128×15=1920，每个128孔穴盘需要8 g种子。

④ 定植穴数：每亩定植7600穴，（平高畦整畦宽1.4 m，畦面1 m，每畦定植4行，平均行距35 cm，穴距25～30 cm。）

⑤ 穴盘用量：理论上每亩穴盘数为63个128孔穴盘，实际播种70个穴盘。

⑥ 亩用种量：80个穴盘×128孔×15粒×4/1000=614.4 g，亩用种量500 g左右。

⑦ 育苗面积：15～20 m^2。

⑧ 播种时间：2月日光温室播种最佳。最晚4月上旬播种。晚一些的也可以冷棚播种，晚播种影响植株的分蘖数、韭菜的产量及质量。

⑨ 出苗时间：2月上旬日光温室＋小拱棚播种，一般出苗时间为10～15天，播种后白天温度为25～30 ℃，夜间为15～20 ℃，即出苗前不揭棚。实际播种出苗情况如图3、图4所示。

图3　2月7日播种3月2日还没出齐　　图4　3月16日生长情况

⑩ 出苗后管理：80% 出苗后，白天温度为 20 ～ 25℃，夜间为 10 ～ 15℃。保利丰 1 号复合肥 2‰ 浓度隔次随水使用，放在地上育苗的要 3 ～ 5 天移动一次苗盘，防止往地上扎根，用育苗床架更好。3 月注意放风管理，3 月下旬加大放风，可以把苗子移到室外进行炼苗。实践操作情况如图 5 至图 8 所示。

a　　　　　　　　　　　　　b

图5　3月21日可以起苗定植

a　　　　　　　　　　　　　b

图6　3月30日根系丰满

图7 4月8日室外炼苗，苗龄2个月，3片真叶，根系3~6条

图8 不同穴盘育苗的根发育情况

（二）穴盘苗的优点

① 方便、简单、快捷，可集约化、规模化、专业化育苗。

② 每穴播种多，播后一个月可以起苗定植，可以减少养护时间。

③ 苗龄长不会老化：因为根系有贮藏营养的作用，苗龄可以很长，第2年定植都可以，并且定植后，生长很快，越是大穴越有利。尤其适合推广家庭或阳台盆栽蔬菜。种植成功率为100%，解决了直接播种成功率太低的阳台韭菜种植瓶颈。

④ 定植容易、快捷：定植时一穴一坨，拔出即栽，免去传统的挖苗、抒苗、剪根、剪叶、数苗等烦琐过程。

⑤ 穴盘育苗，成活率高、长得快。

⑥ 穴盘育苗，每穴10~15粒种子，相比传统土地平畦育苗，苗龄短、幼苗质量好、节约成本。与传统地苗相比，可节省人工80%左右，降低成本60%以上。

五、畦作方式及应用

（一）畦作方式

① 平畦：有四平畦、跑水畦、顶水畦，应用较普遍。

做平畦的程序：拉线—铁锹或宽镐起埂（有的是两脚埂）—平耙平畦（费工、费力）。做平畦是个技术活，尤其是温室的南北短畦，一般都是南边低、北边高，造成南边积水、北边没水。

② 平地：蔬菜上很少用。

③ 垄作：采用垄作，地下根菜类有利于生长，雨季防涝栽培（如秋白菜）。

④ 沟作：少数培土作物应用，如大葱、姜、芦笋。

⑤ 高平畦：一般畦宽 1.2 ~ 1.5 m，畦面宽 80 ~ 110 cm，畦高 15 ~ 20 cm，畦长不限，适宜机械化作业。

⑥ 龟背畦：果类菜应用，已较普遍。

（二）高平畦的优点

① 有利于做畦、覆膜、定植、收获等机械化作业，机械只能做高平畦，做不了平畦，机械做高平畦一次成型，省工、省力、高效。

② 有利于滴灌铺设。

③ 有利于地膜覆盖作业。

④ 高平畦更有利于保持土地疏松，有利于作物生长。

⑤ 高平畦栽培不会积水，水分均匀、生长一致。

⑥ 高平畦有利于通风，可以减少病害的发生。

⑦ 高平畦便于定植、除草、收获等农事操作。

⑧ 温室东西向高平畦与温室的等温线、等光线、生长线一致，有利于浇水、收获。

⑨ 越夏栽培的作物，能够减轻雨涝的危害。

⑩ 温室东西向栽培可以免除温室后边的走道，冬季将其面积有效利用，可以提高温室的土地利用率。

高平畦、滴灌方式，可以使土壤疏松；土壤疏松，根系就好，根系好，吸收就好，吸收好就节水节肥，吸收好植物生长就好，植物生长好，产量、品质就好，效益就高。

（三）微耕机做高平畦

使用微耕机，适合日光温室等保护地做畦，如图9、图10所示。

图9　微耕机适合
保护地、露地做畦

a

b

图10　高平畦东西向做垄

畦宽1.4 m，畦面宽1 m。50 m长温室，机械做一个畦需要5 min，一个温室半小时可以完成（图11）。南北向高平畦，则需要1个人一天工。

图11　机械化做畦

（四）露地高平畦韭菜的应用

畦宽1.45 m，其面宽1 m，定植4行，穴距25 cm。实际种植效果如图12所示。

图 12　露地高平畦韭菜

六、定植

（一）定植技术要点

① 定植时间：播种后 30 ~ 60 天即可定植，可根据当地的具体情况，有前茬作物可以延缓种植，以 4 月定植为佳。

② 每穴株数：每穴株数在 10 株以上，株数少的穴可以并穴定植。

③ 行株距：畦上行距 30 ~ 35 cm，穴距 25 ~ 30 cm。

④ 滴灌带：4 行定植一般铺设 2 条滴管带，定植后务必使每穴能浇上水并力争使水分均匀。

⑤ 定植水：用滴灌浇水可以浇大水，如果人工点水，可以浇小水。也可以使用微喷浇水，定植水用微喷，可以使浇水均匀，不会漏苗。微喷头或微喷带都可以。

⑥ 机械移栽：4 行移栽机。

（二）定植密度

① 1.4 ~ 1.5 m 宽高平畦，定植 4 行，平均行距 35 ~ 37.5 cm，穴距 25 cm，每亩定植 7100 ~ 7600 穴。每穴收获 0.5 斤，亩产 3600 斤左右。

② 1.4 ~ 1.5 m 宽高平畦，定植 3 行，行距 46 ~ 50 cm，穴距 30 cm。每亩定植 4400 ~ 4800 株，每穴的目标产量为 0.7 斤，也不难达到。

③ 影响韭菜产量的，一是单位面积的株数；二是单株重，提高单株重不但可以提高质量，也可增加产量。每穴 50 株，每株 10 g，单穴重即可达到 500 g。

就是说，即使稀植，产量也未必低，但除草、收获方便得多，韭菜粗壮，商品性好，从而达到了高产、高效目的。

以下是在延庆种植韭菜的情况：

① 5月12日定植，128孔穴盘，1.5 m宽高平畦，畦面宽1 m，每畦种植3行，穴距25 cm。实际种植效果如图13所示。

a   b

图13　延庆实地种植9月4日生长状况

② 1.2 m宽高平畦，畦面宽80 cm，定植3行的实际生长情况如图14所示。

a   b

图14　高平畦种植实地生长情况

七、温室韭菜轻简化、优质、高产栽培技术要点

① 选用适合的优良品种。

② 使用128孔穴盘或72孔穴盘播种，每穴10～15粒。省工、省力、省籽、效率高。

③ 2月上旬日光温室＋小拱棚播种。

④ 温室内东西向、高平畦、滴灌栽培，畦宽1.4 m，畦面宽1 m，畦高15 cm左右。使用微耕机做畦。省工、省力、省水、节肥、效果好、

效率高。

⑤ 4 月中旬左右定植。

⑥ 每畦定植 4 行，穴距 25 ~ 30 cm，每亩定植 7000 穴左右。

⑦ 5 月上旬揭掉农膜，露天栽培。

⑧ 8 月及时打掉花苔。

⑨ 10 月不再浇水，促进营养回秧。

⑩ 11 月下旬，扣棚加温。加强放风，低温管理，提高质量品质，禁止高温、高湿。

⑪ 1—4 月收获，株高 30 cm，叶片宽 1 cm 左右，叶片挺立，长到 3 片叶左右时收获。

⑫ 种植 3 年后更换温室。

温室韭菜实际栽培效果，如图 15 所示。

a   b

图 15 温室韭菜实际栽培效果

八、定植后管理

① 定植水与缓苗水：定植水足，缓苗水就小，定植水小，缓苗水就大。

② 中耕除草：缓苗水后看土壤湿度情况再进行中耕除草，使根系向下生长，进行蹲苗。

③ 撤膜：5 月上旬撤掉农膜，变成露地。露天有利于通风、透光，温差大，有利于干物质的累积，有利于生长。

④ 防涝：夏季应提前做好排水防涝工作，防止温室内泡汤。

⑤ 除草：夏季草害严重，及时除草。

⑥去苔：8月韭菜出苔后，及时尽早除掉。

⑦营养回根：进入10月以后，天气转凉，不再浇水，促进营养回根。

⑧扣棚：10—11月，根据上市的时间扣棚保温。扣棚早，30天左右即可收获一茬；扣棚晚40天左右即可收获。另外，也看温室条件、天气和管理情况。

定植后管理实际种植效果，如图16所示。

a　　　　　　　　b

图16　定植后管理实际种植效果

（注：2月8日播种，4月9日定植，7月8日分蘖，8月24日抽薹）

九、冬季温室管理

①浇水：扣棚后浇水，浇水后注意放风。

②温度：温度控制是获得高质量韭菜的重要措施。前期出苗前，可以温度高些，出苗后控制温度，白天最高20℃左右，夜间5～10℃，如果着急收获，可以适当提高温度。高温、高湿条件韭菜生长快，产量高，但品质差。如果想获得紫尖效果，夜间温度需要更低。

③收获：植株高度30 cm左右，3片叶左右，叶片宽厚，叶片挺立，假茎粗宽，黄叶少，易清理，韭菜干爽，均匀一致。根据温度管理情况，约30天收获一茬，一茬每亩产量在2000～3000斤，从元旦可以收获至4月，收获3～5茬，亩产1万斤以上。实际种植效果如图17所示，种植出的韭菜达到了高品质，市场韭菜与高品质韭菜营养对比如表1所示。

图 17　温室实际种植的效果

表 1　市场韭菜与高品质韭菜营养对比（百克鲜重）

韭菜样品	含水量（g）	VC（mg）	可滴定糖（g）	粗蛋白（g）	粗纤维（g）	灰分（g）	碳水化合物（g）
市场购买韭菜	92.68	34.7	1.73	2.71	0.81	0.84	3.54
高品质栽培韭菜	90.89	40.2	2.55	3.06	0.85	0.88	4.97

十、轻简化效果

① 穴盘育苗，每穴 10～15 粒种子，相比传统土地平畦育苗，苗龄短、幼苗质量好、节省成本。与传统地苗相比可节省人工 80% 左右，降低成本 60% 以上。

② 温室种植，东西向做高平畦，微耕机做畦节省人工 60% 以上，降低成本 50% 以上。

③ 高平畦、滴灌种植，节水、节肥 30% 以上，稀植则利于收获和产出优质韭菜。

十一、问题解答

（一）现在韭菜为什么吃起来没有以前味道浓了，是品种的原因吗？

答：韭菜味道跟品种本身有一定的关系，休眠品种比不休眠的品种味道浓一些。韭菜味道淡，与栽培有很大的关系。例如，一般市场上买到的韭菜，大多是利用大水、高温高湿催起来的，产量高，但味道不够。这样的高温高湿条件的韭菜还容易发生病害，必然会使用药剂进行防治，就会影响韭菜的安全性，味道也差。因此，大家在选择的时候，不要买又长又嫩、颜色较淡的韭菜，这明显是催出来的，水分大、味道淡。可以对比春天第一茬韭菜，长得嫩、味道好、品质高，能达到春天第一茬韭菜的外观，一般就是好品质的韭菜。

（二）高平畦栽培韭菜，一个生长季节能收几茬，产量能达到多少？

答：韭菜种植采用不同生产方式，生产安排相差不多。一般3—4月育苗，夏秋收获。育苗越早，收获就越早。一般一亩地一茬产量在3000 ~ 5000 斤，一般一个月割1茬。如果夏天养的时间长，可以连续收获，一般可以收获5 ~ 6茬，产量一般在2万斤左右。

日光温室水果番茄基质栽培技术

● 专家介绍

雷喜红，毕业于中国农业大学，农学博士，北京市农业技术推广站正高级农艺师，主要从事设施番茄栽培技术试验、示范与推广工作。主持省部级农业科技项目 7 项，以主要参与人完成项目 11 项，发表专业技术文章 20 余篇，参编书籍 7 部，制定标准 1 项，授权专利  10 项，获北京市科学技术奖二等奖 1 项、北京市农业技术推广奖一等奖 1 项。

课程视频二维码

随着生活水平的提高，人们对番茄的要求从外观品质逐步过渡到对内在风味口感品质的提升。为迎合市场需求，育种专家特意选育出一类"水果番茄"品种。目前水果番茄还没有一个统一的概念，我们通过一系列的试验示范，包括市场调查，得出定义：水果番茄是指果实大小适中、风味浓郁、适于直接当水果鲜食的一类番茄品种，外观看有绿腚青肩、镭射纹路、瓤似草莓、绿籽饱满状，口感上具有皮薄肉脆、酸甜适口、丰满多汁等特点（图1）。

a　　　　　　　　　　b　　　　　　　　　　c

图 1　水果番茄

一、水果番茄优新品种简介

（一）原味 1 号

无限生长类型，口感独特，果实苹果形，单果重 40 ~ 60 g，粉红色，汁浓酸甜，独有番茄的香味，回味甘甜，糖度可达 11 °Bx。适合越冬、早春、秋延温室栽培，不抗 TYLCV（图 2）。

（二）京采 6 号

无限生长类型，该品种高抗 TYLCV、烟草花叶病毒病、叶霉病、根结线虫等，综合抗性强、适应性强，配合适宜的管理措施可全年栽培。单果重 100 g 左右，糖度为 8 ~ 13 °Bx，口感突出。适合越冬、早春、秋延温室栽培（图 3）。

（三）京采 8 号

无限生长类型，与京采 6 号相似，高抗 TYLCV、烟草花叶病毒病、叶霉病、根结线虫等，综合抗性强、适应性强，配合适宜的管理措施可全年栽培。单果重 90 ~ 100 g，较京采6号糖度更高，果形更为周正，皮略薄。适合越冬、早春、秋延温室栽培（图4）。

图2　原味1号　　　　图3　京采6号　　　　图4　京采8号

（四）京番308

无限生长类型，单果重 100 g 左右，粉红色，汁浓甜，糖度为 8 ~ 12 °Bx，适合越冬、早春、秋延温室栽培，不抗 TYLCV（图5）。

（五）粉优3号

无限生长类型，单果重 100 g 左右，粉红色，汁浓甜，糖度为 8 ~ 12 °Bx，适合早春温室或塑料大棚栽培，不抗 TYLCV（图6）。

图5　京番308　　　　　　图6　粉优3号

二、日光温室水果番茄基质栽培关键技术

（一）选择优良品种

选择品种，坚持好种（种植者）、好吃（消费者）、好卖（销售者）

"三好"原则，既要满足种植者容易栽培，又要满足消费者的风味、口感，还要满足销售者好卖的原则。针对以上"三好"原则，在选择品种时还要注意以下 3 个方面。

① 抗逆性强，主要是抗病毒。② 高品质、好口感，其中可溶性固形物大型果达到 6%，中型果达到 8%，樱桃番茄达到 9%。③ 中小型果，货架期长，利于选果、包装、运输等要求。

（二）根据设施条件和抗病特性确定茬口

日光温室进行栽培，温室的保温条件在极寒天气的早上 6:00 时气温不低于 8 ℃，如果达不到，夜间要采取增温措施。

1. 越冬茬

立秋后，8 月上中旬播种，9 月上中旬定植，11 月中下旬采收，6 月中下旬拉秧。育苗水平和条件不太好的情况下，要选择抗病毒品种。如果选择的是不抗病毒品种，要通过晚播来规避。例如，在北京北部密云、延庆等地应在 9 月 20 日以后定植，在北京南部如大兴、房山等地可以推迟到 9 月 30 日以后再定植。

2. 冬春茬

设施的保温条件不好可以选择冬春茬，7 月上中旬播种，8 月上中旬定植，11 月上中旬采收，次年 2 月上中旬拉秧。注意：这个茬口尽量选择抗病毒品种，否则风险非常大，容易得病毒病。

3. 早春茬

12 月上中旬播种，次年 2 月上旬定植，4 月下旬采收，7 月上旬拉秧。

选择茬口的原则，一是根据设施的条件；二是根据品种的抗病毒能力。如果选抗病毒的品种就可以早播，不抗病毒的就要晚播。

（三）无土栽培模式标准化生产

无土栽培的优点是节水、省工、标准化程度高，水肥管理可控性好，病虫害相对比较少等，目前北京已推广种植面积 1000 多亩。目前栽培效果较好，主要推广的模式介绍如下。

1. 聚丙烯 PP 槽式栽培（含内排液）

聚丙烯 PP 槽式栽培模式的优点是回液在槽内收集，避免空气湿度过大；单株基质量为 15 L，缓冲性强，基质容易更换，适合多种果菜（图 7）。

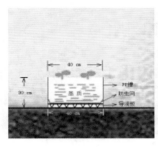

a   b

图 7　聚丙烯 PP 槽式栽培

2. 下挖式（含内排液）

下挖式的优点是回液在槽内收集，避免空气湿度过大；单株基质量为 15 L，缓冲性强，适合多种果菜。更重要的优点是下挖一次成型，年均成本低，是目前重点推广的模式（图 8）。

a   b

图 8　下挖式

3. 简易槽式栽培（含排液）

简易槽式栽培的优点是单株基质量为 12 L，适宜高频灌溉，水肥更可控，适合多种果菜（图 9）。

a   b

图 9   简易槽式栽培

3 种栽培模式下的配套基质标准：

标准的栽培模式要配制标准的基质，每亩用椰糠块 2.5 ~ 3.0 吨，细椰糠块与粗椰糠块的比例为 7∶3。定植前一周用清水泡发，以用手抓捏实无滴水为准，灌装到栽培槽，灌装深度为 25 cm，如果 EC > 0.8 ms/cm 要进行脱盐后再定植。脱盐有两种方法：第 1 种方法是用清水多次淋洗；第 2 种方法是用 EC 为 1.8 ~ 2.0 ms/cm 的硝酸钙溶液进行滴灌润透至有回液，利用钙离子将椰康基质里面的钠离子和钾离子置换出来。

（四）以基质加温替代空气加温

水果番茄种植的温度指标与普通番茄的是一样的，最适合的温度白天为 25 ~ 28 ℃，夜晚为 15 ~ 18 ℃。基质化栽培标准化程度比较高，水肥环境相对来说比较可控，但是最大的缺点是基质根部缓冲性比较差，天气炎热的时候基质很容易被晒热，极寒天气基质温度又非常低，会使番茄根部失去活力。经过两年的试验，我们通过选择基质加温替代空气加温，已经取得了比较好的效果（图 10）。

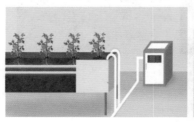

a   b

图 10   基质加温（热水管道埋入栽培槽）

如果采用传统空气加温，一般是燃气/电力空气加温，成本为30 元 /m²。但是采用基质加温，成本只需要 10 ~ 15 元 /m²。

① 基质加温处理后温度始终处在 15 ℃以上，而基质未加温处理温度最低在 5 ℃左右，温差近 10 ℃（图 11）。

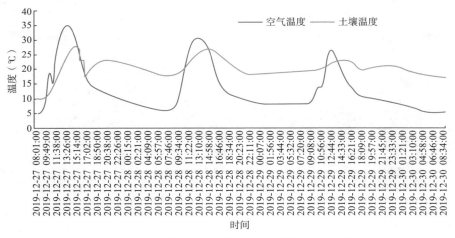

图 11　8 号温室基质加温后空气温度及基质温度变化情况

② 基质加温处理后，夜间温度较空气温度高 10 ℃左右，而未经基质加温处理的基质温度较空气温度低 2 ~ 3 ℃（图 12）。

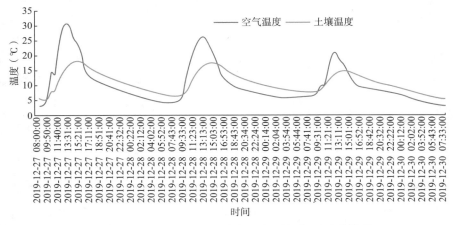

图 12　8 号温室基质未加温空气温度及基质温度变化情况

（五）以控为主的水肥管理

水果番茄与普通番茄在水肥管理上有很多不一样的地方，它对水肥调控要求较高。

1. 选择合适的灌溉首部

可选择施肥机或者比例施肥泵，规模化种植时（10 亩以上）可以选择施肥机（图 13），小面积种植时可以采用成本较低的比例施肥泵（图 14）。

图 13　国产施肥机　　　　图 14　比例施肥泵（定时器）

根据番茄生长需求，可以进行程序设定。例如，设为基于时序进行灌溉：8:00、10:00、12:00、14:00……（60% 的灌溉量集中在 11:00—15:00），使基质含水量控制在 40% 左右。

开始、结束时间与基质条的类型和种类有关，灌溉的基本策略是以日出时间为准。

开始灌溉时间是日出后 2 小时，以晴天为例，光照积累量达到 100 ~ 150 J/cm^2，清晨基质重量的变化降低 2% ~ 3%。

停止灌溉时间是晴天日落前 2 小时，阴天日落前 5 小时，夜间水分重量减少 5% ~ 15% 的时候。如果阴天情况下基质含水量在 40%，也可以不进行灌溉。标准灌溉量为 300 mL/m^2；对"易干"基质，每轮灌溉量减少；对于"湿润"基质，每轮灌溉量增加。

2. 选择配制适宜的营养液配方

取样进行检测，需要根据标准离子浓度调整配方。注意 A、B 桶质量要一致，如果不一致，可以利用硝酸钾既溶于 A 桶又溶于 B 桶的特性进行调换，可以参照表 1。

表 1　营养液配方

	肥料	质量（kg）	总质量（kg）
A 桶（1000 L 母液）	硝酸铵钙	118.80	
	氯化钙	16.65	152.50
A 桶（1000 L 母液）	硝酸钾	14.60	
	DPTA-Fe-7	2.40	
B 桶（1000 L 母液）	磷酸二氢钾	20.41	
	硫酸镁	67.70	
	硝酸钾	60.21	
	硫酸钾	3.48	
	硫酸锰	0.17	152.60
	硼砂	0.43	
	硫酸锌	0.14	
	硫酸铜	0.03	
	钼酸钠	0.01	

3. 以基本灌溉策略为基础

根据栽培目标和不同生育期对灌溉进行动态调整，以控为主，控促结合（表 2）。

表 2　不同生育期灌溉策略参考标准

生育时期	周期（天）	灌溉总量（mL/株）	EC 值（ms/cm）灌溉液	排出液	pH 值 灌溉液	排出液	排液量
绿苗期（第 1 穗果坐果前）	7～10	50～100	2.0	3.5	5.2	5.2	0
开花坐果期（第 1 穗果坐果至第 2 花序开花）	7～10	300～500	2.5	3.5	5.2	5.2	10%
第 2 穗果坐果至第 3 穗果坐果	7～10	500～800	2.8	3.9	5.2	5.3	20%
第 3 穗果坐果至成株期	28～35	800～1500	3.1	4.0	5.2	5.3	30%
成株期	200～250	1500～2000	3.5	5.5	5.2	5.5	30%

主要措施：

① 亏缺灌溉：第 3 穗坐果后，采用正常灌溉量的 80% ~ 60% 进行亏缺灌溉管理，以 11:00—15:00 植株轻度萎蔫为准（图 15），注意棚内最高气温不要超过 32 ℃，否则容易发生脐腐病，每穗花开花时叶片喷施含钙微肥。

a   b

图 15　晴天 11:00—15:00 生长点下方 2 片叶轻度萎蔫

② 高 EC 管理：第 3 穗坐果后，调整灌溉到 EC 4.0 ~ 4.5 ms/cm，晴天取下限值，阴天取上限值，每穗花开花时叶片喷施含钙微肥预防脐腐病，直至生产结束。

③ 短季高密栽培，充分利用温光条件好的季节（北京地区 3—5 月），2 月上中旬定植，每亩定植 6000 ~ 8000 株，第 2 穗果开花时闷尖，4 月开始采收，5 月底至 6 月上旬拉秧，这是集中上市的栽培措施。经过实验测定，高密栽培糖度都在 8.5 °Bx 以上（图 16）。

a　8000 株 / 亩　　　　b　2200 株 / 亩　　　c　高密栽培糖度＞ 8.5 °Bx

图 16　高密栽培

（六）根据植株长势动态调整植株

第一是打叶，每株番茄保留功能叶片 15 片左右。光照不足的情况下，特别是冬季进入 12 月后，可以打小叶，减少叶片自身养分消耗，调整叶面积指数（图 17）。

第二是疏花疏果，每穗果一半果实坐住的时期进行操作。1 ~ 2 穗果采用"疏大留小"措施，促进壮秧，3 穗果以上采用"疏小留大"措施正常管理（图 18、图 19）。

图 17　打叶　　　　　　　　图 18　疏花　　　　　　　　图 19　疏果

（七）根据植株长势和销售需求及早采收

如果植株长势比较弱，果实五成熟的时候就要采收（图 20）。短距离运输在果实七八成熟的时候采收（图 21）。做到应采尽采，应收尽收，不影响植株的长势，保持果实的风味。果实五到九成熟如图 22 所示。

图 20　五成熟　　　　　　　　图 21　七八成熟

图 22　五到九成熟（从右至左）

三、水果番茄生理性病害防治

日光温室水果番茄基质栽培在胁迫栽培状态下，经常会发生一些生理性病害。

（一）脐腐病（图 23）

图 23　脐腐病

发病条件：

① 高温干燥条件下，钙在植物体内运转速度缓慢。

② 营养液缺钙。

③ 营养液溶液浓度或 pH 值过高，影响植株对钙的吸收。

防治方法：

① 遮阳降温，如水帘 + 风机降温。

② 调整营养液配方。

③ 根据天气情况动态调整 EC、pH 值，炎热天气 / 寒冷天气分别取下限值和上限值。

④ 每穗花花期补充糖醇钙。

（二）筋腐病（图24）

a   b

图24 筋腐病

发病条件：

① 钾肥供应不足，氮多、钾少。

② 生长环境光照不足。

③ 基质含水量过高。

④ 红果、大果型的品种易发生。

防治方法：

① 根据生育期调整营养液配方，定期调整钾、钙的比例。

② 动态调整密度、打叶、补光。

③ 根据长势动态调整灌溉量。

④ 选择中小型果。

（三）开窗果（图25）

图25 开窗果

发病条件：

① 在 2 ~ 4 片真叶时，花芽分化开始后，夜间温度在 15 ℃以下，造成畸形花。

② 花柱机械损伤。

③ 长期处于 8 ℃低温导致缺钙，花柱开裂。

防治方法：

① 改善温室保温性能，以温度为核心进行调控，避免低温。

② 叶面喷施 0.4% 的 $CaCl_2$（氯化钙）、0.4% 的 $Ca(NO_3)_2$（硝酸）。

③ 叶面喷施 0.5% 的硼砂，7 ~ 10 天一次，连续 2 ~ 3 次。

（四）缺铁（图 26）

图 26　缺铁症状

发病条件：

① 基质温度过高或过低，超过 26 ℃或低于 13 ℃。

② 营养液 pH 值过高，影响铁的吸收。

③ 磷、铜、钙离子拮抗。

防治方法：

① 高温季遮阳、植株封垄降低基质温度，低温季基质加温。

② 利用硝酸、磷酸进行调酸，或改用适应范围广的螯合铁（表 3）。

③ 精确配制营养液配方，使用前搅匀。

表3 不同螯合铁的配制

螯合微肥	适宜 pH 值范围
螯合铁 ED-Fe-13	1.5 ~ 6.0
螯合铁 DP-Fe-7	1.5 ~ 7.5
螯合铁 EH-Fe-6	2.5 ~ 10.5

（五）缺镁（图 27）

图 27 缺镁症状

发病条件：

① 基质温度过高或过低。

② 营养液 pH 值过高。

③ 磷、铜、钙离子拮抗。

防治方法：

① 高温季遮阳、植株封垄降低基质温度，低温季基质加温。

② 利用硝酸、磷酸进行调酸，pH 值在 5.5 ~ 6.5。

③ 叶面喷施 0.1% ~ 0.3% 的 $MgSO_4$。

（六）缺锰（图28）

a   b

图28 缺锰症状

发病条件：

① 基质温度过高或过低。

② 微肥配制不准确。

防治方法：

① 高温季遮阳、植株封垄降低基质温度，低温季基质加温。

② 配制微肥的时候要采用浓缩液逐步稀释，避免将微肥直接倒入大量/重量元素肥。

四、问题解答

（一）水果番茄的栽培成本比普通番茄的栽培成本高吗？

答：水果番茄可以采用土壤栽培，成本不变。如果采用基质栽培，一次性投入较高，折算到每年每亩较土壤栽培多1000元左右。由于水果番茄销售价格较高，基本在10元/斤，效益较好，折算下来基本能达到平衡。

（二）基质中的微量元素不如土壤中多，如果水果番茄不用基质而是用常规土壤栽培会不会更好吃？

答：这是传统认识，我们经过10年的基质栽培经验，明确无土栽培的水果番茄比土壤栽培的更好吃，因为基质栽培的管理有更好的调控性。以品种原味一号为例，这个品种在密云采用基质栽培，通过严控水肥，甜度可以达到9以上，市场很好，证明基质栽培的风味、口感都更好。当然土壤栽培也可以种出口感好的水果番茄，但是因为水肥调控精准性差一些，在口感稳定性上也会差一些。

（三）基质栽培前需要对基质进行消毒吗？

答：第 1 年的时候不用消毒，只需要对基质里的营养液离子特别是钠离子进行淋洗。第 2、第 3 年的时候需要消毒，比较常用的措施就是高温闷棚。我们将基质槽的回液管封闭，在基质槽上面覆上透明薄膜，然后经过 1 ~ 2 周的高温，就可以完成基质消毒工作。如果在冬季进行消毒，则需要通过施肥机或施肥泵往基质里滴灌一些无害化的药剂液来进行消毒。

（四）基质连续用会影响产量吗？

答：我们在顺义木林镇的基地，基质连续用了 7 年。后期如果没有对基质进行严格的消毒和淋洗，对产量还是会有一定影响的。一般情况下，基质在头 3 年，每茬拔秧的时候，适量补充一些新的基质，产量就不会受到影响。

（五）无土栽培的水果番茄有哪些病虫害，如何防治？

答：虫害发生比较严重的是烟粉虱，病害比较严重的是晚疫病。

烟粉虱可以安装 50 目以上的防虫网进行预防，顶风口、侧风口都要安装，进行物理隔离。另外，要悬挂黄板进行监测，虫量达到一定数量时要进行药剂防治。

晚疫病发生的原因是冬季日光温室生产过程中，温度较低、湿度较大，光照较弱，通风不好。预防工作是加强放风工作，每天通风 3 次。早上拉开保温帘后要及时通风 10 min，通风口不要太大。中午气温升上来的时候加大通风，下午气温降到 20 ℃以下时要及时关闭风口。晚上放保温帘前也要进行短时的通风。另外，结合农事操作，要及时打叶，清除病叶并拿出棚外，保持植株的通风透光。

板栗春夏季栽培管理技术

● 专家介绍

兰彦平，研究员，博士学位。北京市农林科学院林业果树研究所板栗研究室主任、国家林业和草原局板栗工程技术中心主任。主要从事板栗种质资源与育种、栽培等方面的研究工作。先后主持、参加科技部、北京市科委、农委及财政局等各类研究，推广项目30余项，获得国家科学技术进步奖二等奖、省级高校

教学成果奖一等奖、省级科学技术进步奖二等奖共3项，获北京市农业技术推广奖3项，发表研究论文60余篇，主编板栗相关研究著作4部，审定板栗等新品种5个，获批国家发明专利9项，编写国家板栗行业标准1项。

课程视频二维码

一、板栗产业发展现状与趋势

板栗在我国是种植面积非常大的一个树种，主要分布在山区，目前板栗总面积有 2000 多万亩，产量达 229 万吨。

（一）板栗产业发展的动态趋势

目前板栗产业正不可阻挡地发生着以下变化。

1. 生产导向的转变

板栗的种植正由种植主导转向市场主导，经销商逐渐参与和影响板栗生产模式。

2. 经营方式的转变

随着山区人口尤其是劳动力人口的逐渐减少，加上部分资本的介入，板栗的经营方式由一家一户分散型的经营转向集约化经营，而且有可能出现大型联合体。

3. 板栗种植方式的转变

为了适应市场需求，良种化、品种化栽培逐步向商业化栽培转变，同时由于农业人口的减少和劳动力成本的提高，机械化耕作将逐步渗入。

4. 面积、价格的变化

栽培面积短期内将维持现状，随着栽培水平的不断提升，产量可能会增加。收购价格在维持现状基础上有波动，个别年份可能波动较大。

5. 网络助推板栗产业发展

网络介入板栗全产业链，实现生产过程全程管理和监控，打通全部流通环节。

6. 山区农业人口减少

近 10 年，山区农业人口快速减少，导致板栗种植从业人员多为老龄或妇女，劳动力减少严重。

7. 服务于首都特殊需求

北京板栗种植还要充分考虑生态、休闲、三产融合发展等服务于首都的特殊需求。

（二）北京板栗种植现状

北京密云、怀柔、延庆、昌平、平谷、房山、门头沟等7个区都有板栗的分布和栽培。优势区域主要集中在北部燕山板栗产业带，其中80%集中在密云、怀柔境内。

（三）北京板栗生产现状

北京板栗种植大概是60万亩，亩产不高，平均不到50 kg/亩。种植规模上，户均规模大概在0.8亩左右。另外，300年以上的古栗树资源在3万株以上。分布在密云、怀柔、延庆、平谷、昌平、房山、门头沟7个区，其中以怀柔渤海镇、九渡河镇的规模比较大。从全市栽培水平看，农民管理投入较少，单产较低（表1）。主栽品种成规模的较少，混杂的居多。

表1　北京板栗生产现状

	面积（万 hm^2）	比例（%）	产量（万吨）
密云	2.41	54	1.81
怀柔	1.45	32.4	1.09
延庆	0.17	3.7	0.12
平谷	0.12	2.6	0.09
昌平	0.30	6.8	0.23
房山	0.02	0.5	0.02
总计	4.47		3.35

二、板栗春夏季栽培管理技术

（一）品种

板栗种植品种成规模的较少。栗农相互引种、频繁嫁接的情况较普遍。因此，同一片区坚果在整齐度、成熟期、抗性等方面表现不一致，影响商品的经济性状，最终影响到商品的售价。因此，改接良种时尽可能考虑来源（产地）统一、集中成片、品种成熟期基本一致，不宜过多过杂。建议优先使用本土的优良品种。引进外来品种要慎重，且必须要进行综合评价（抗性、适应性、成熟期、果实特性、贮运性等）。

适宜北京产区种植的板栗优良品种有燕红、良乡一号、怀丰、黑山寨 7 号、燕平等。

燕红，是一个传统的品种，20 世纪 80 年代选育出来的，适合燕山产区。燕红在南方，像云南、河南、浙江等地都有引种，且有很好的表现（图 1）。

良乡一号，从房山地区选育而出，能够同时适应太行山和燕山不同土质，抗逆性强，坚果整齐度比较高（图 2）。

怀丰，是一个丰产型的品种，表现出早期的结果能力及连续的丰产能力都比较强，而且空苞率非常低（图 3）。

黑山寨 7 号，简称黑 7，是一个营养高效的品种。因为它的雄花在发育早期大概 1 ~ 2 cm 时，会出现败育停止发育的现象，这样能大大节约树体营养，使得果实的发育非常好，是一个优良品种（图 4）。

燕平，大果形的品种，单果重 12 g（图 5）。

图 1　燕红　　　　　图 2　良乡一号　　　　图 3　怀丰

图 4　黑山寨 7 号　　　　　图 5　燕平

（二）嫁接后管理

嫁接后，一定要重视后续管理，否则事倍功半。

① 除萌条：7～10 天除一次，除净为止，在嫁接未成活的砧木上选择 3～5 根健壮的萌条留下，待来年补接用。

② 绑支棍：当新梢长到 30 cm 以上时，为避免劈裂，要绑支棍，支棍长度在 1 m 左右，把新梢系在支棍上。

③ 掐尖摘心：当新梢长到 30 cm 时及时掐尖，嫁接当年摘心 2～3 次。掐尖摘心非常重要，不可忽视或省略，它能促进分支，决定树冠成型及后期结果部位。一年进行 2～3 次，能分枝 6 个以上，每摘心一次相当于多生长了 1 年（图 6）。

图 6　摘心的效果

（三）主要病虫害防治

1. 胴枯病

胴枯病即栗疫病，是板栗上危害比较严重的枝干性病害（图 7）。在亚洲曾经有过大流行，在美国曾经使美洲栗几乎濒临灭绝。对板栗产量和质量的影响非常大，严重时可以导致整株甚至全园毁灭。受害植株枝干皮部呈红褐色，呈不规则水渍斑，流黄水，酒糟味，剥开死树皮会见到白色菌丝体。防治时与其他病害一样，以预防为主。一是增强树势，提高抗病力。二是消灭病源，刮除病部树皮烧毁，减少伤口。三是冬季涂白。石硫合剂＋石灰调和涂干。四是及时刮病斑，涂波美 3 度石硫合剂。

图7 胴枯病

2. 干腐病

干腐病也是危害较严重的一种病，要充分认识它的毁灭性（图8）。在防治上与胴枯病一样，刮除病斑极为重要，刮病斑后涂10%的石灰或者波尔多液，或者腐殖酸铜原液、果富康、施纳宁等。每隔半个月或20天要处理一次。新种植园要选择适合当地栽培的抗病品种。加强栽培管理，加强肥水管理，促进它的根系正常发育，如果遇到伤口及时抹药，防止病菌的侵入。另外，一个比较有效的措施就是冬季培土。在主干靠近地面发病比较多的部位，在刮除病斑涂药的基础上进行培土。到第2年解冻以后，及时把土扒开。注意要进行连续的防治。

图8 干腐病

3. 内腐病

内腐病，又称种仁斑点病、种仁干腐病、黑斑病（图9）。种仁黑灰色、黑色或墨绿色腐烂病斑—干腐—出现空洞—软腐。种仁易粉碎，软腐并产生异臭味。种皮表面也覆有黑灰色菌丝层，种皮下形成粒点。病栗果在收获期与好果无明显异常，而贮运期在栗种仁上会形成小斑点，引起变质、腐烂。内腐病是板栗贮运和销售期间的重要病害。侵染过程是 6 月中旬栗花授粉期开始到 7 月底侵入花柱和栗苞，8 月中旬以后侵入的数量逐渐增多，在近成熟期才进入种仁。

图 9　内腐病

防治措施：

①加强树体栽培管理，增强树势，提高抗病能力，减少枝干发病。

②及时刮除枝干上的病斑，剪除病枯枝，清除栗园，减少病菌侵染源。

③抓住关键时期：5 月底到 6 月上旬、6 月下旬到 7 月上旬喷布杀菌类药剂，全年 2 ~ 3 次，但一定要联防联治才有效果。

④适时采收，忌采青和机械损伤。

⑤捡拾后的栗子快速进入冷藏（≤ 4 ℃）。

⑥保持贮藏期间相对湿度 ≥ 90%。种子含水量越高，病斑扩展速率越慢，反之，种子含水量越低，病斑扩展速率越快。因此，在板栗贮藏期间库内要及时喷雾补水。

4. 红蜘蛛

5—7 月是红蜘蛛的为害盛期。5 月上旬进行药剂涂干。使用氧化乐果、乐果乳剂 5 ~ 8 倍液。当发现红蜘蛛出现密度比较大的时候，可以采用石硫合剂和杀螨剂进行叶面喷施。生物防治方法是利用挂捕食螨，根据树的大小，四五棵树挂一袋（图 10）。

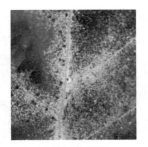

图 10　红蜘蛛

5. 桃蛀螟

桃蛀螟是板栗生长期间常见的一种害虫，主要以幼虫来危害果实（图11）。果实受害后会内部空虚，栗球苞刺干枯，易脱落；被害栗果实内充满虫粪，且有丝状物粘连，影响食用，易引起霉烂。桃蛀螟1年发生3～4代，以老熟幼虫在板栗堆放场地、栗树皮、球苞、果实及玉米秆、向日葵花盘等处越冬。桃蛀螟危害板栗的主要时期是在9—10月。当栗果接近成熟球苞即将开裂时，大部分幼虫蛀食球苞，少部分幼虫蛀食果实。

图 11　桃蛀螟

防治措施：

① 采收后及时脱粒，减轻危害。

② 采收后堆积时喷杀虫剂。有条件的可以用硫黄熏蒸。

③ 烧毁寄主残体，清理越冬场所，杀死越冬幼虫。

④ 栗园周边种植玉米、向日葵进行诱集。因桃蛀螟喜食玉米和向日葵的葵盘，可以在板栗园适当种植少量的玉米、向日葵，到8月桃蛀螟主要在玉米和向日葵上取食而尚未危害板栗时，采集向日葵的葵盘或者

玉米秆进行集中烧毁。

6. 尺蠖、舟形毛虫

尺蠖（"吊死鬼"）、舟形毛虫。个别年份发生较重。严重时能将叶子全部吃光（图12）。可采用氯氰菊酯、菊杀，抓住关键期防治。

图 12　栗树叶子全部被吃光症状

7. 栗大蚜

对板栗上危害较重的是栗大蚜（图13）。栗大蚜的防治主要是结合秋季施基肥或者翻树盘的时候烧毁卵囊，这个工作非常重要。还有一个防治关键期是在5月中下旬。此时雌虫要下树产卵，产卵前在树干基部四周挖环状沟或者挖坑，放置一些树叶杂草进行诱集产卵的雌虫，并集中杀死。另外一个方法是保护天敌。栗大蚜天敌比较多，如瓢虫、草蛉，还有一些寄生性的天敌，如食蚜蝇、寄生蜂。施药时，尽量少地使用广谱性的农药，以避免伤害这些天敌。应该选对天敌毒害作用较小的一些杀虫剂，避免在天敌活动高峰时喷药。有条件的可以人工饲养天敌。因为蚜虫比较喜欢黄色，在生长期如果发现栗大蚜，可以采用树上挂黄板的方式进行诱杀，同时黄板还可以诱捕其他小型害虫。

图 13　栗大蚜

8. 栗实象甲

栗实象甲，又名板栗象鼻虫，主要是幼虫蛀食栗果，使果实内充满虫粪，失去商品价值（图14）。在8月中旬到9月上旬，成虫进入刺苞进行产卵。10天后，幼虫孵化。之后，幼虫会在果实内继续发育。危害期能达30天以上，直到10月下旬到11月上旬才会钻出来。防治栗实象甲的关键期在7月下旬到8月上旬，喷杀虫剂，到8月中旬成虫上树的时候，用乐果乳油类的药剂杀虫。虫害如果不是很重，可以采用人工捕杀。另外，要注意及时采收，采果储藏前，可以用温水浸果，浸泡15 ~ 20 min，或者是用热水短时间浸泡10 s，可起到杀虫作用。

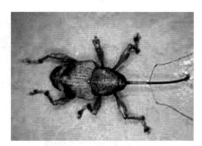

图14　栗实象甲

（四）板栗肥水管理技术

1. 水

水对于植物生长具有重要作用。因为板栗大多生长在山地条件下，大部分栗园没有灌溉条件。因此，如何充分高效地利用天然降水就成为板栗园水分管理的重要内容。

（1）蓄水技术措施

截流工程：选择合适位置，从安全角度和山泉、地表水综合考虑施工，形成新的水源。尽可能地减少水土流失，延缓地表水的流失速度。

做树盘：根据果园地势，在农闲时做树盘，形成一树一库（图15）。

a   b

图 15　蓄水技术措施

（2）保墒技术措施

一是地膜覆盖，春季地膜、地布覆盖。二是翻树盘，在树下种植绿肥、生草，杜绝"卫生地"。这些都是一些传统的技术，但是效果非常好。树下种植绿肥生草，可以改善地温，减少水分蒸发，生草以后割了可以还田改善土壤环境。三是增施有机肥，树下覆盖。根据条件，春季采取沟施，秋季结合翻地实施（图 16）。

图 16　保墒技术措施

2. 施肥

施肥是根据肥效和施肥的目标，有选择性地进行，主要考虑调节土壤酸碱性、提升土壤有机质、补充外援有益菌、激活土著有益菌、促进根深苗壮、生物能叶面激活、补充营养活化土壤等方面。

在施肥规程方面，包括：

① 春季：土壤返浆（3 月中旬）施复合肥，促进花芽分化。

② 夏季：7—8 月追施复合肥。

③ 壮粒肥：8 月叶面喷肥，尿素、0.2% ~ 0.3% 的磷酸二氢钾。

④ 压绿肥：7—8 月进行，培肥地力，改良土壤。

⑤ 采后施肥：施有机肥、复合肥。

⑥ 采收前 1 个月停止施肥。

施肥的方法包括放射沟施、穴施、沟施、环状沟施等传统方法（图 17 至图 20）。但是要注意，不管是何时施肥，施什么肥，怎么施肥，一定要强调施肥的正确部位。尤其是密植园，由于进不去，直接在树干下面挖个小坑施肥，是不科学的。施肥的正确部位，要施在树冠的垂直投影下方外围的区域。另外，还要注意深度，必须施在 40 cm 以下，因为只有施在 40 cm 以下板栗吸收根的集中分布区才能有效地吸收营养。一些浅施撒施，不但起不到施肥效果，还容易造成根系上浮，对树体产生不利影响。

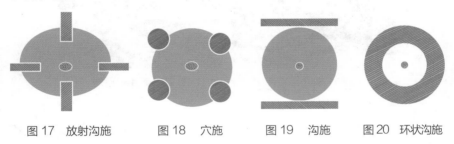

图 17　放射沟施　　　图 18　穴施　　　图 19　沟施　　　图 20　环状沟施

（五）除草剂使用问题

1. 除草剂的危害

现在生产上为了板栗采收或者日常管理的方便，除草剂的使用越来越普遍。但人们在使用方便的同时，必须清醒地认识到除草剂的危害。除草剂的危害是不可逆的、是长效的，主要体现在以下几个方面。

① 污染环境。残效期长，严重污染农田、林草地、水环境、大气环境。

② 阻碍氨基酸合成，影响品质。其灭杀性原理是破坏植物生物酶，阻碍农、林产品芳香素等多种氨基酸合成，使食物（各种粮食、奶类、鱼类、蔬菜、水果）越来越难吃。影响板栗特有的香、甜、糯特性和糖炒后的口感。

③ 影响健康。直接危害食品安全和生态安全。在人体内不断积累，可造成慢性危害，如不孕不育、免疫能力下降、各种血管疾病、癌症等。

④ 影响板栗生长。影响板栗根系生长，削弱树势；使树体抗病性下降。

通过多年监测使用除草剂和不使用除草剂的土壤植被情况，可以看出，连续使用除草剂会严重破坏土壤的生态系统，使得土壤板结严重，甚至寸草不生。而不使用除草剂，采用自然生草覆盖，土壤有机质含量会逐年提高，可以实现可持续生产（图21、图22）。

图 21　施用除草剂　　　　　图 22　禁用除草剂

2. 减少除草剂的使用

如果不使用除草剂，栗园怎么管？草怎么办？有没有什么替代措施呢？答案自然是有的，可以尽量减少或者禁用除草剂，采用一些相应的替代措施。

① 采用生草制，定期刈割，控制杂草。不但保水还能环保。

② 林下种植中草药、低秆作物、洋葱等趋避植物、菌类，如图23至图28所示。

图 23　林菌模式——赤松　　　图 24　林花模式——茶　　　图 25　林油模式——套
　　　茸、灰树花　　　　　　　　　用菊花　　　　　　　　　种紫皮花生

图 26　林药模式——套种　　图 27　林粮模式——林下　　图 28　林粮模式——套
　　　　黄芩　　　　　　　　　　　　间作谷子　　　　　　　　　　种紫薯

（六）采收

要进行适时采收。栗果完全成熟的标志是：栗苞由绿变黄，开裂成"十"字形或"一"字形；坚果种皮呈现出本身特有的颜色和光泽，坚果从果座自动脱落。

生产上很多栗农会提前采收。也就是常说的采青，采青有以下危害：一是产量低、效益低。采前 30 天，栗果实增重占总重量的 74.7%；采前 10 天，栗果实增重占总重量的 50.7%；提前 13 天采收，减重 56%；提前 5 天采收，减重 20% ~ 30%。因此，靠提前采青卖高价格是得不偿失的。二是品质差，不耐藏。坚果干物质的积累主要在采前 30 天内完成，此期干物质积累占总量的 97.8%；采前 20 天、10 天干物质积累量分别 88.5%、55.5%。越接近成熟，干物质积累越多，直到底座自然脱离栗蓬为止。充分成熟的坚果饱满充实、质量好、产量高、耐贮藏。采收过早，坚果干物质积累不充分，水分含量大，栗果特有的风味、单粒重、色泽均未达到应有的水平，因发育不成熟，贮藏中容易褐变、风干及腐烂。三是引起树势衰弱，影响下一年产量。采青时用长杆打栗蓬，易将枝条折断，同时损害枝条皮层，造成树体损伤，使树体抵抗外界环境的能力降低，使病虫危害加重。抢青越早，损害越严重。从采收到正常落叶还有 2 个月左右，采青会造成被动落叶，使这部分叶片提前停止光合作用，从而影响了树体养分制造和营养积累，影响次年生长。四是板栗顶端结果的特性，采青容易打落顶端的结果枝，从而直接影响次年产量。五是果实尚未完全成熟，贮运性能差，直接进入销售环节，会影响品牌信誉。

正确的采收方法是等到自然成熟，在这之前松土除草，自然成熟的时候捡拾脱落的栗子。采后在空气流通、相对湿度、坚果含水量基本接近的遮阴处发汗 2 ~ 3 天，入低温库贮藏。

要想生产出优质的果品，每项技术都不是独立的，是品种、病虫害防治、肥水管理、整形修剪、合理采收等几项技术的综合应用，缺一不可。

三、低温灾害后栗树植株抢救技术

2020 年 4 月 22 日，栗园遭受了严重低温，已萌出的芽体受冻较重（图 29）。此时，必须尽早应对，抢救受损植株。主要措施有以下方面。

① 疏剪受伤枝组，集中营养。重剪受伤严重的枝组，减少枝组数量，集中营养，增强树势。

② 及时喷杀菌剂，保护树体。喷施 75% 的百菌清可湿性粉剂 500 倍液，或 25% 的甲霜灵可湿性粉剂 500 倍液，或 70% 的甲基托布津 800 ~ 1000 倍液，或 65% 的代森锌 500 倍液。保护树体，减少伤口感染病菌的概率，减少疾病暴发与传播。

③ 及时追肥，增强树势。每亩追施 30 kg 尿素 + 复合肥（1∶1），或复合肥肥料 1 斤 / 株，提高树势。可以结合喷施杀菌剂，喷施 0.3% 的尿素 +0.3% 的磷酸二氢钾等叶面肥，以促进叶片吸收营养，加速枝组恢复。

a   b

图 29　受冻植株及隐芽萌发情况

四、问题解答

（一）板栗栗实象甲如何防治？

答：栗实象甲是幼虫蛀食果实，抓住防治关键期，7 月下旬到 8 月上旬，是成虫出土上树的时期，进行乐果乳油等杀虫剂的喷布。对于少量的栗实象甲可以进行人工捕杀。如果虫子已经进入果实，采摘后可以用温水浸果 15 ~ 20 min，或者采用 90 ℃以上的热水浸果 10 ~ 20 s。在成熟比较早的地区，如云南，可以选用早熟品种，早熟品种因为成熟早会躲过 8—9 月虫子侵害的时间，可以有效地避免象甲类的危害。

（二）北京市房山区青龙湖地区能种植板栗吗？有什么要求？

答：板栗对土壤酸碱性的要求相对比较高。首先需要看一下房山区青龙湖地区的土壤是否满足 pH 值 7.2 以下的要求。如果满足，可以考虑种植。房山区南窖乡是典型的石灰岩山地，有板栗分布和正常生长。青龙湖地区可以在测土的基础上先进行少量的引种。

（三）北京市密云区种植栗子的时间，种植的株距行距是多少？

答：如果现有嫁接苗种，在清明节左右种植。株行距方面，不建议密植。生产上初植密度为 2 m×5 m，或者 2 m×4 m 都可以，郁闭后可以进行间伐，最后保留密度为 4 m×5 m 或者 4 m×4 m。个人建议株行距大一点，不但管理方便，同时也可以利用林下空间进行种植，提高单位土地面积效益。

核桃栽培技术

● 专家介绍

郝艳宾，北京市农林科学院林业果树研究所研究员，从事核桃资源、育种、栽培及加工等方面的研究工作。现任中国经济林协会核桃专业委员会副主任委员、中国经济林协会文玩核桃分会常务副会长兼秘书长、中国园艺学会干果分会理事、北京林学会副秘书长。共主持部、市级科研、推广项目40余项，参加10余项。选育核桃、麻核桃良种19个。获国家发明专利3项，发表研究论文40余篇，主编《核桃精细管理十二个月》《图说果树良种栽培——核桃》等著作4部，参编科技著作3部，获成果奖励8项。多次被评为院级、所级先进个人，先后被北京市人民政府、中国科协评为"首都农业科技先进工作者""北京市经济协作工作先进个人""援疆先进个人""全国科普工作先进工作者"。

课程视频二维码

一、环境条件

核桃在长期栽培过程中，对环境条件、气候条件等的要求比较高。

（一）气候条件

1. 温度

核桃适宜生长的年均温度在 8 ~ 16 ℃，极端最低温度不低于 −20 ℃，极端最高温度在 38 ℃以下，无霜期 170 天以上地区。

2. 光照

核桃喜光，宜生长在全年日照大于 2000 小时的地区和区域。

3. 水分

核桃对于干燥的空气环境适应性强，但对土壤水分变化较为敏感。缺水，会使树体生长弱，大量落果、落叶。土壤水分过多，会造成通气不良，影响核桃地上部的生长发育，甚至死亡。因此，核桃耐旱、怕涝，不能缺水。

4. 风

核桃一年生枝髓心较大，抗风力较弱，幼树易抽条（图 1）。

图 1　核桃一年生枝的髓心

（二）土壤条件

1. 土壤质地

土壤以疏松壤土最好。质地黏重、砂石含量多的土壤不适宜核桃生长。

2. 土壤酸碱性

适宜核桃生长的土壤 pH 值为 6.5 ~ 8.3。核桃不耐盐碱，土壤含盐量应在 0.2% 以下。

3. 土层厚度

核桃属深根性树种，土层厚度在 1 m 以上且地下水位在 3 m 以下时生长良好。

（三）地势

核桃可在土层深厚且有水浇条件的坡地、丘陵山地、平地等地栽植。坡度以不大于 25° 为宜。避免在易积水的低洼地种植。

二、品种选择

（一）早实核桃

20 世纪 90 年代嫁接技术得到解决以后，各地发展早实核桃比较多。因为早实核桃结果比较早，果壳比较薄，出仁率比较高，丰产性比较高，深受种植户的欢迎。但是早实核桃也有一定的缺点：一个是抗性比较差；另一个是对果园的立地条件要求比较高。

（二）晚实核桃

晚实核桃与早实核桃相比，抗性比较强，但结果比较晚。

（三）注意事项

在品种选择上，第一要注意适合当地的气候条件；第二要适合种植地的立地条件；第三要选择抗性强的品种，并注意授粉树的配置，做到雄先型和雌先型搭配种植。

三、栽植模式选择

（一）实生播种，后改接

在无水浇条件、土层较厚的种植地建议采用"实生播种，而后改接"的生产模式。

（二）栽嫁接苗

栽嫁接苗，要求是一定要有水浇条件。

（三）果粮间作

果粮间作模式在新疆比较多，新疆在推广大面积密植栽植之前，大部分是果粮间作，栽植密度比较稀，一般是 7 m×8 m，效果比较不错。

（四）集约化经营、合理密植

在集约化经营方面，合理密植有利于机械化作业，这也是今后的一个发展方向。

四、管理（修剪）模式选择

从全国范围看，核桃修剪得比较少。只是在北京和河北地区，文玩核桃修剪得比较多。因此，根据这种情况，在人工成本比较低的地方适合矮化密植，在人工成本比较高的地方定干高，利于机械化。

五、核桃病虫害防治

（一）病虫害综合预防

核桃病虫害防治以预防为主，防治结合。这些工作是果园管理的基础，做得好可以大大减少病虫的危害，减少药剂防治成本。

1. 深翻果园

深翻在封冻时期进行，即把表层土壤、落叶和杂草等翻埋到下层，同时把底土翻到上面，深度以 25 ~ 30 cm 为宜。深翻既可以破坏害虫的越冬场所，把害虫翻到地表冻死或被鸟和其他天敌吃掉，从而减少害虫越冬数量；又可疏松土壤，利于果树根系生长。

2. 树干涂白

树干涂白以 2 次为好，第 1 次在落叶后到土壤结冻前；第 2 次在早春。涂白部位应以主干和较粗的主枝为主，不可将全树涂白，以免造成开春烧芽。涂白可减轻日灼、冻害等危害，兼治树干病虫害。

3. 彻底清园

彻底清园在萌芽前进行，要彻底清扫果园中的枯枝落叶、病僵果和杂草，集中烧毁或堆集起来沤制肥料，可降低病菌和害虫越冬数量，减少病虫害的发生。

4. 喷施石硫合剂

萌芽前，全树喷施波美 3 ~ 5 度的石硫合剂，不留死角。可以预防病害，杀灭蚜虫、红蜘蛛等害虫虫卵。

（二）病害防治

在做好上述工作基础上，对新建和病害很少的果园，每年 6—8 月喷施 2 ~ 3 次保护性杀菌剂即可，雨水较多的年份可多喷 1 ~ 2 次。保护性杀菌剂可选用波尔多液、代森锰锌等。

1. 对已有病害发生的果园可采取的措施

① 有枝干病害的果园，必须进行刮除疗法。3—4 月为枝干病害高发期，枝干病害较重，必须将病斑刮除；若较轻，将外皮刮掉，每 5 mm 左右用小刀纵向划割，深达木质。然后涂 4 ~ 5 倍的"果腐康"（又叫"9281"等名，其有效成分为过氧乙酸），要涂匀涂透，2 ~ 3 小时后涂第 2 次，第 2 天再涂 1 次即可。也可按说明书使用其他治疗果树腐烂病的药剂。

② 坐果后，一般在 5 月上旬，叶面喷施内吸性低毒杀菌剂 1 次。药剂可选用多菌灵、甲基托布津等。

③ 雨季前，一般在 6 月上旬，叶面喷施内吸性低毒杀菌剂 1 次。药剂选用多菌灵、甲基托布津等。

④ 雨季，6 月中旬至 8 月中旬，根据雨水多少和病害程度，喷施保护性杀菌剂 2 ~ 4 次。

⑤ 落叶后，全树喷波美 3 ~ 5 度石硫合剂。

2. 病害防治常识

（1）保护性杀菌剂

保护性杀菌剂在植物体外或体表直接与病原菌接触，杀死或抑制病原菌，使之无法进入植物，从而保护植物免受病原菌的危害。

保护性杀菌剂的作用有两种：一种是药剂喷洒后与病原菌接触直接

杀死病原菌，即"接触性杀菌作用"；另一种是把药剂喷洒在植物体表面，当病原菌落在植物体上接触到药剂时被毒杀，称为"残效性杀菌作用"。保护性杀菌剂主要在发病前期和初期使用，有石硫合剂、波尔多液、代森锰锌、克菌丹、井冈霉素、百菌清等。

（2）内吸性杀菌剂

施用于作物体的某一部位后能被作物吸收，并在体内运输到作物体的其他部位发生作用，有两种传导方式：一种是向顶性传导，即药剂被吸收到植物体内以后，随蒸腾流向植物顶部传导至顶叶、顶芽及叶类、叶缘。目前的内吸性杀菌剂多属于此类。另一种是向基性传导，即药剂被植物体吸收后于韧皮部内沿光合作用产物的运输向下传导。内吸性杀菌剂中属于此类的较少。还有一些杀菌剂如乙膦铝等可向上下两个方向传导。内吸性杀菌剂主要有多菌灵、甲基硫菌灵、异菌脲、甲霜灵、三唑酮等。

（3）病菌的一般发病规律

病菌一般在病叶、病枝、病果上过冬，第2年孢子借风雨或昆虫传播，在伤口或自然孔口侵入潜伏，遇到合适的发病条件如高温、高湿，发病严重。

（三）虫害防治

北京地区核桃的主要虫害有核桃举肢蛾、金龟子、草履蚧壳虫、大青叶蝉等。

1. 核桃举肢蛾

核桃举肢蛾，又名核桃黑。幼虫钻入核桃果内蛀食，受害果逐渐变黑而凹陷皱缩。该虫一年发生1~2代。以老熟幼虫在土壤内结茧越冬。次年5月中旬至6月中旬化蛹，成虫发生期在6月上旬至7月上旬，幼虫一般在6月中旬开始危害，7月危害最严重。卵期4~5天，幼虫在果面仅停留3~4小时后就蛀入果内，在果内30~45天后脱果。该虫的发生与降雨量关系密切，5—6月为成虫羽化期，降雨量少于30 mm，发生轻，反之则重。

田间鉴别要点是核桃果实变黑，充满黑色虫粪，幼虫暗红色有足（图2）。

图2 核桃举肢蛾为害症状

防治方法：

① 在采收前，即核桃举肢蛾幼虫未脱果以前，集中拾烧虫果，消灭越冬虫源。

② 采用性诱剂诱捕雄成虫，减少交配，降低子代虫口密度。

③ 冬季翻耕树盘对减轻危害有很好的效果，将越冬幼虫翻于 2 ~ 4 cm 厚的土层下，成虫即不能出土而死。一般农耕地比非农耕地虫茧少，黑果率也低。

④ 在5—6月挂杀虫灯诱杀成虫。

⑤ 药剂防治。幼虫初孵期（一般在6月上旬至7月下旬），每10 ~ 15 天喷每毫升含孢子量 2 ~ 4 亿白僵菌液或青虫菌或"7216"杀螟杆菌（每克100亿孢子）1000 倍液（阴雨天不喷，若喷后下大雨，雨后需补喷）。也可采用40%的硫酸烟碱 800 ~ 1000 倍液，使用时混入0.3%的肥皂或洗衣粉可增加杀虫效果。提倡少用化学药剂。

2. 金龟子类

常见的有铜绿金龟子、暗黑金龟子等。成虫为害期3月下旬至5月下旬，常早、晚活动，取食核桃嫩芽、嫩叶和花柄等，以核桃萌芽期为害最重（图3）。

图3 金龟子成虫

防治方法：

① 成虫发生期（3 月下旬至 5 月上旬），用堆火或黑光灯或挂频振式杀虫灯诱杀。

② 利用其假死习性，每天清晨或傍晚，人工振落捕杀。

③ 发生严重时，可以喷施 1% 的绿色威雷 2 号微胶囊水悬剂 200 倍液；25% 的灭幼脲Ⅲ号胶悬剂 1500 倍液；烟·参碱 1000 倍液。

3. 草履蚧壳虫

草履蚧壳虫，若虫喜欢在隐蔽处群集为害，尤其喜欢在嫩枝、嫩芽等处吸食汁液。该虫一年发生一代。以卵在树冠下土块和裂缝及烂草中越冬。一般 2 月上中旬开始孵化为若虫，上树为害，雄虫老熟后即下树，潜伏在土块、裂缝中化蛹。雌虫在树上继续为害到 5—6 月，待雄虫羽化后飞到树上交配，交配完成后雄虫死亡，雌虫下树钻入土中或裂缝及烂草中产卵，而后逐渐干缩死亡。防治时期是 2—3 月卵孵化后至若虫上树。4 月树萌芽前后（图 4）。

图 4　草履蚧壳虫

防治方法：

① 若虫上树前（一般在 2 月上旬），在树干的基部（离地 50 cm 左右）将翘皮刮除（高度在 20 cm 左右），并在刮皮处缠上宽胶带，在胶带上涂 10 ～ 15 cm 宽的黏胶剂，防止若虫上树为害，树下根颈部表土喷 6% 的柴油乳剂。

黏胶剂的配制：用黄油、敌杀死、废机油按照 2∶0.5∶1 的比例配制；用机油和沥青（或柴油和松香粉）按照 1∶1 的比例配制，加热熔化后备用即可。

② 萌芽前树上喷波美 3 ~ 5 度石硫合剂；若虫上树初期，喷 0.5% 的果圣水剂（苦参碱和烟碱为主的多种生物碱复配而成的广谱、高效杀虫杀螨剂）或 1.1% 的烟百素乳油（烟碱、百部碱和楝素复配剂），也能收到一定的效果。

③ 保护好黑缘红瓢虫、暗红瓢虫等天敌。

4. 大青叶蝉

大青叶蝉，晚秋成虫产卵于树干和枝条的皮层内，造成许多新月形伤疤，致使枝条失水，抗冻及抗病力下降。一年 3 代。以卵在枝干的皮层下越冬，4 月孵化，若虫及成虫以杂草为食。10 月上旬至中旬降霜后开始产卵（图 5）。

图 5　大青叶蝉为害枝条

防治方法：

① 清洁果园及附近的杂草，以减少虫量。

② 产卵前树干涂白。

③ 10 月霜降前喷 4.5% 的高效氯氰菊酯 1500 倍液。

5. 蚜虫

蚜虫，喜欢在叶背面吸食汁液，叶面常有蜜露分泌物。蚜虫一年发生 10 多代。以卵在芽腋和树皮的裂缝处越冬。核桃萌芽时开始孵化。产生无翅胎生雌蚜，群集叶背面吸汁为害。5—6 月为害较重。5 月出现有翅蚜，迁移到其他作物或杂草上，秋季迁回，产生两性蚜，交配，产卵越冬（图 6）。

图6 蚜虫为害

防治方法：

① 保护瓢虫、草蛉等天敌。

② 清洁果园，萌芽前树上喷波美 3 ～ 5 度石硫合剂。

③ 发生期用药剂防治，药剂可选用 25% 的吡虫啉可湿性粉剂 3500 倍液，50% 的抗蚜威 2000 倍液，或 50% 的溴氰菊酯 3000 倍液（其他药剂参考说明书使用），7 ～ 10 天 1 次，一般用药 1 ～ 2 次即可控制。

6. 其他害虫

核桃缀叶螟、核桃舞毒蛾等其他害虫，可参考核桃举肢蛾防治。量少不造成危害的，可不治，利用天敌实现生态防治。若有危害，可在幼虫期见虫喷施药剂，成虫期挂杀虫灯。

（四）正确合理使用农药

1. 对症下药

各种农药的性能不同，防治对象也不同。每种药剂都有它一定的特效范围，应针对不同的防治对象，选用合适的药剂进行防治，才能得到应有的防治效果。

2. 适时施药

要掌握病虫防治的关键时机，在预测预报和调查研究的基础上，确切了解病虫发生发展的动态，抓住薄弱环节，做到治早治小，一般病害在病菌侵入前期和初期，虫害在幼虫的低龄期使用农药效果理想。

3. 交互用药

长期使用一种农药防治一种害虫或病害，易使害虫或病菌产生抗药性，降低防治效果。一种害虫或病原菌抵抗一种药剂，往往对同一类型的其他药剂也有抗性。但不同类型的药剂由于对害虫或病菌的毒杀作用不同，害虫或病菌不会表现出抗药性。经常轮换使用几种不同类型的农药，是防止害虫和病菌产生抗药性的有效措施。

4. 混合用药

将两种或两种以上对害虫或病菌具有不同毒理作用的农药混合使用，可以同时兼治几种病、虫，这是扩大防治范围、提高药效、降低毒性、抓住防治有利时机、节省劳力的有效措施。混合用药一定要注意哪种药与哪种药是不能混用的，否则会发生错误。

5. 安全用药

安全用药包括防止人、畜中毒，环境污染和林木药害。喷施药剂应注意：严格按说明书使用农药，喷药时要做好防护工作，选择晴朗无风的天气，药液要均匀地喷到植物表面。

六、嫁接方法

（一）芽接

1. 砧木处理

发芽前，对培育好的砧木苗距地面 1 cm 进行平茬，待苗长至 10 cm 左右时，选留一健壮新梢，其余全部抹掉。

2. 嫁接时期

夏季芽接一般在 5 月底至 6 月中旬进行。

3. 芽接方法

（1）剪砧

在砧木苗的半木质化部位选取一芽作为嫁接部位，接口芽以上留 1 ~ 2 片复叶剪砧，接口以下叶片全部去除。

（2）取接芽

选饱满芽为接芽，在接芽上下距芽 0.75 cm 处横切一刀，并在接芽上下两端刮除表皮，漏出韧皮部，在接芽两侧各纵切一刀，深达木质部，然后迅速取下接芽，芽眼要带维管束（护芽肉），如图 7 所示。

（3）嫁接

方块形芽接：用接芽作比，在砧木的半木质化光滑部位上下各横切一刀，深达木质部，长度与接芽相同，在一侧纵切一刀，将皮层剥开，放入接芽，根据接芽宽度将皮层撕下，使接芽的上下、左右皮层与砧木皮层对齐（图8）。

改良方块形芽接：在砧木的半木质化光滑部位靠上横切一刀，再在下面两侧纵向各切一刀，深达木质，宽度与接芽相同或略大于接芽宽度，形状如同一个"门"字。然后将皮向外撬起，用嫁接刀由下向上将皮削去，不伤及木质，削去皮的长度小于芽片0.2～0.5 cm。将接芽放入，顶端和两侧（或其中一侧）对齐，下边插入砧木皮层（图9）。

对芽接：在砧木嫁接部位芽的两侧沿叶柄各纵切一刀，深达木质部，长3 cm左右，然后在芽上方距芽0.5 cm处横切一刀，深达木质部，手捏叶柄将芽瓣离木质部，用嫁接刀在叶柄下0.5 cm处削去带芽韧皮部，不伤木质。将砧木接口上下皮层撬起，将削好的接芽插入砧木，用砧木皮将接芽上下两边压住，使接芽维管束与砧木芽眼对齐（图10）。

图7　接芽与接口绑缚　图8　方块形芽接　图9 改良方块形芽接　图10　对芽接的接口

（4）绑缚

用弹性好的塑料条将接口绑紧缠严，芽外露。

4. 芽接注意事项

① 采用哪种芽接方法应根据接芽情况：若接芽鼓包较大，可选择鼓

包相近的节位采用对芽接；若接芽较平，可采用方块形芽接和改良方块形芽接。

② 绑缚用的塑料条弹性要好，厚度在 0.025 mm 为宜，绑缚要严、紧，避免雨水渗入。芽接要避开连续阴雨天，雨后应推迟半天或一天再嫁接。接后遇雨，应检查接口，若有积水或伤流，应解绑放水后重新绑缚。

③ 嫁接后期如果气温过高（35 ℃以上），应避开中午前后的高温时段，接口以上可留 3 片叶剪砧。

5. 芽接后的管理

嫁接后要及时抹去萌蘖。当新梢长出 4 ~ 5 片复叶，便可解绑。解绑要完全，避免残留塑料条。当新梢长到 30 cm 左右时，在接口以上 1 cm 处将保留砧木剪掉。

（二）枝接

1. 嫁接时期

在展叶期进行，北京地区一般在 4 月中下旬。

2. 砧木处理

展叶前，在准备嫁接的部位以上 10 cm 处锯断，嫁接时再往下截 10 cm，嫁接部位的直径以 4 ~ 7 cm 为宜。

3. 嫁接方法

嫁接方法以"插皮舌接"为最好（图 11）。嫁接步骤如下。

图 11　插皮舌接

（1）放水

在离地面 30 cm 左右的主干上，用手锯分 2 ~ 3 锯螺旋锯一圈，深到木质（将皮层锯透）。

（2）嫁接

在砧木嫁接部位截断，削光皮层毛茬。在砧木截口侧面选一通直光滑处，由下向上削去老皮，长 5 ~ 7 cm，露出嫩皮 1 ~ 2 mm 厚皮层。根据接头粗细情况，一个接头可嫁接 1 ~ 3 根接穗，接穗长度要基本一致。将接穗下端削一长 6 ~ 8 cm 的削面，刀口一开始就向下并超过髓心。用手将削面顶端捏开，使皮层和木质部分离。把接穗木质部插入砧木木质部和皮层之间，使接穗皮层紧贴在砧木皮层的削面上，然后用塑料条将接口缠紧。

（3）保湿处理

用一报纸卷成筒套在接口上，纸筒上部高出接穗顶部 2 ~ 4 cm，纸筒下部低于绑塑料绳处，再用塑料绳将底部绑好。然后用细碎的湿润土填满纸筒，并用木棍将接口部位的土插实，然后再用塑料袋自上而下套住，最后用塑料绳将基部扎牢，中间部分也适当绑扎（图 12）。

图 12　接后保湿

4. 接后管理

（1）除萌

及时去掉砧木上的萌蘖，若接穗死亡，萌芽可保留一部分，以便芽接补救或恢复树冠后再进行改接。

（2）放风

接后 20 天左右接穗开始萌发，当新梢长出土后，可将袋顶部开一口，让嫩梢顶端自然伸出，放风口由小到大，分 2 ~ 3 次打开。当新梢伸出袋后，可将顶部全打开（图 13）。

图 13　放风

（3）绑支柱

当新梢长到 20 ~ 30 cm 时，将土全部去掉（图 14），要及时在接口处设立支杆（图 15），将新梢牵引绑结在支杆上，随着新梢的加长要绑缚 2 ~ 3 次。

图 14　解袋　　　图 15　绑支柱

（4）解绑

接后 2 个月左右，要将接口处的绑绳解掉，防止绞缢。

（5）疏花、整形

新梢萌发后若有雌花，及早疏掉。在新梢 20 ~ 30 cm 时，要根据整形需要，疏掉多余新梢枝，尤其是早实品种萌芽率高，同一节位的 2 个芽往往都能萌发，其他节位的芽萌发良好情况下，一般一个节位留一壮梢即可。长势旺的用于培养侧枝的新梢，可在长至 50 cm 左右时摘心促分二次枝。8 月上旬，对所有未停长的新梢摘心，若再萌发，可抹芽或留 1 ~ 2 片叶再摘。

（6）越冬防寒

主干刷白，1 年生枝用"双层包被"法防寒。

七、问题解答

（一）核桃修剪什么时候最好，应当注意哪些问题？

答：早春萌芽之前修剪比较好。对于大枝子，在9月采果以后再动，这样不容易引起伤流。

（二）嫁接难成活是因为核桃树水多吗？

答：嫁接难成活是由于核桃伤流液，平茬或平干后伤流液多，伤流液中富含酚类、醌类物质，比较容易褐变，所以成活率低。

（三）北京地区可以种植红肉核桃吗？

答：红肉核桃现在有两个来源：一个是把美国专利品种引进来的（在陕西商洛地区成功），但抗性等还是有一些问题；另一个是直播，2006年，北京市农林科学院林业果树研究所从美国带回来红瓤核桃直播，目前已经结果四五年了，抗性等各方面都非常好。国内目前还没有很好的红肉核桃品种，红瓤核桃在国内的发展前景很好。

（四）种核桃还能挣钱吗？

答：核桃降价有两个方面原因：一方面确实是产量提高了；另一方面是由于管理不好，核桃病果比较多，质量比较差，人们不喜欢买。如果栽培管理到位，病虫害防治比较好，生产出好果，真正的好果还是能卖高价的。

中国桃优新品种介绍

● 专家介绍

赵剑波，北京市农林科学院林业果树研究所副研究员，从事桃种质资源、新品种选育、配套栽培技术和生物技术等方面的研究工作。先后承担的研究项目共 60 余项；育成并市审桃新品种 25 个，国审桃新品种 6 个，获得植物新品种权证书 2 个，省审桃新品种 1 个，省认定新品种 4 个；发表文章 60 余篇。

课程视频二维码

一、概述

（一）桃的种植面积和产量

中国桃的种植面积大概有 1300 万亩，占世界桃种植面积的 51%。2017 年的数据显示中国桃产量占世界的 57.8%。中国桃的种植面积和总产量占世界的 50% 以上，位居首位。

对中国桃的种植面积和产量分布进行对比，从面积上看，山东面积最大，河北次之，河南第三，再次是湖北、四川、江苏；从产量上看，山东最多，河北次之，河南第三，再次是湖北。

北京市桃种植面积占比最大的是平谷区，大概占全市的 63%，其次是大兴区、通州区、海淀区。

（二）桃的品种结构

1. 中国桃的品种类型

从总体结构进行比较，普通桃占桃品种的 73%，油桃占桃品种的 25%，蟠桃占桃品种的 1.6% 左右。从成熟期进行比较，早熟和中熟的桃品种大致相同，占 37% ~ 38%，晚熟的桃品种占 24%。从南北方的成熟期比较，南方产区早熟品种占优势，北方产区中晚熟品种占优势。从中国桃主产省的品种结构进行比较，北京蟠桃晚熟的占比相对比较大。蟠桃，在河北东部、山东（中、南、西部）、山西、甘肃、河南、江苏和浙江，也几乎没有种植。南方早熟品种占比较大，晚熟品种占比较小。

2. 中国桃的主栽品种

中国桃的主栽品种，普通桃有 118 个品种，油桃有 38 个品种，蟠桃有 10 个品种。

2000 年以来我国发表的桃品种分类统计，普通桃占主栽品种的 60%，油桃占主栽品种的 30%，加工桃占主栽品种的 7.5%，观赏桃占主栽品种的 2.5%。发表成熟期分类统计中，早、中、晚熟普通桃的比例是 1:1:1；油桃发表的品种以早熟为主，中晚熟品种相对较少。发表油桃品种的果肉颜色统计中，主栽品种白肉和黄肉的油桃占比基本一致。普通桃的黏离核统计中，大众消费更倾向于离核品种，但是离核品种相对比较少。发表油桃的黏离核统计中，离核占比更小。

3. 目前国内桃品种类型现状

普通桃早、中、晚熟均有；油桃以早、中熟为主，晚熟品种较少；蟠桃以早、中熟为主，晚熟品种相对较少。

（三）桃品种发展趋势

1. 鲜食桃品种多样化是世界桃产业发展的重要方向

普通桃、油桃、油蟠桃、蟠桃已经得到了消费者的认可。在我国，前些年白肉鲜食桃占优势。现如今，大连、上海的黄肉鲜食桃，湖北的红肉鲜食桃等却成为特色品种。

2. 人们越来越重视桃果实内在品质

在品质方面，大、红、硬、甜已经成为基本要求，并提到很高的位置。目前，北京市农林科学院林业果树研究所对于高甜桃品种选育研究较多。在生产方面，国家和地方都在积极引导提质增效。

3. 桃果实外观品质还在进一步分化

首先是纯色，纯红是主流。现在市场上出现的果面上没有一点红色，全部是黄色的、白色的品种，都是小众消费。另外，在普通桃和油桃的离核和黏核选择方面，消费者更倾向于选择离核品种。但是对于蟠桃，会选择黏核的，因为蟠桃果形扁平，核的上下两侧果肉比较少。另外，消费者更倾向于选择绒毛比较短的桃，微型桃也有一定的市场。

4. 桃果实采摘后的特性

桃果实采摘后具有慢成熟、乙烯释放缓慢、果实贮运期耐低温特性的桃品种在未来更受欢迎。

5. 桃罐头加工品种专业化

桃罐头加工品种以黄肉、黏核、不溶质为典型特征，目前专业化程度越来越高，要求肉质黄色程度高、果肉无红色、不溶质且肉质硬、丰产、易管理，如 NJC83、金童系列等。

6. 桃成熟期向极早和极晚方向延伸

目前，我国育成的桃基本上果实发育期在 45 ~ 170 天。

7. 桃短低温品种的需求越来越迫切

选育适合南方栽培的短低温品种，扩大桃向南的栽培范围；通过选育适合北方温室栽培的短低温品种，使桃早上市，延长反季节桃的供应期。需冷量要求一般在 300 ~ 600 小时以下。

8. 桃品种适应性

适应性包括抗寒性、抗病性等。

9. 观赏桃品种受到人们的普遍欢迎

矮化型、重瓣型、红花型、白花型等寿星桃、碧桃及花果兼用的品种，受到人们的普遍欢迎。

10. 桃省力化品种越来越受欢迎

我国劳动力的成本越来越高，但是农村年轻劳动力越来越少，桃省力化品种越来越受欢迎。例如，自花授粉品种和果面全红可以不套袋的品种，被选择性较大。

11. 桃矮化品种和砧木品种被期待

二、桃新品种展示

（一）普通桃：瑞红（图 1）

果实性状：果实近圆形，平均单果重 193 g，大果重 236 g。果顶圆，果形圆整，果面近全红。果肉黄白色，硬溶质，多汁，风味甜，黏核。

成熟期：北京地区 7 月上中旬成熟，果实发育期 83 天。

主要特性：早熟桃品种，丰产，花蔷薇形，有花粉。

图 1 普通桃：瑞红

（二）普通桃：美瑞（图 2）

美瑞是前两年北京市农林科学院林业果树研究所最新育成的早熟桃品种。

果实性状：果实近圆形，平均单果重 203 g，大果重 297 g。果面全面着深红色晕，果肉淡绿、黄白色，硬溶质，汁液中等，风味甜。可溶性固形物含量在 12.1%。

成熟期：北京地区 7 月中旬果实成熟，果实发育期 89 天，与瑞红、仓方早生、京红等品种基本同期成熟。

主要特性：硬度高，黏核，花蔷薇形，有花粉。

图 2　普通桃：美瑞

（三）普通桃：早玉（图 3）

良种编号：京审果 2004007。

亲本：京玉 × 瑞光 7 号。

选育者：北京市农林科学院林业果树研究所。

果实性状：果实近圆形，果顶突尖，平均单果重 195 g，大果重 304 g。果面 1/2 以上着玫瑰红。果肉白色，硬肉，汁液少，风味甜。离核，可溶性固形物含量在 13%。

成熟期：北京地区 7 月中下旬果实成熟，果实发育期在 93 天左右。

主要特性：中熟硬肉桃，极丰产，花蔷薇形，有花粉。

图 3　普通桃：早玉

（四）普通桃：华玉（图4）

良种编号：京审果2002001。

亲本：京玉 × 瑞光7号。

选育者：北京市农林科学院林业果树研究所。

果实性状：果实近圆形，果个大，平均单果重270 g，大果重600 g。果面1/2以上着玫瑰红色。果肉乳白色，硬肉，汁液中等，风味甜。离核，可溶性固形物含量在13.5%。

成熟期：北京地区8月下旬果实成熟，果实发育期在125天左右。

主要特性：晚熟大果型硬肉桃，耐贮运，丰产，花蔷薇形，无花粉。

图4　普通桃：华玉

（五）普通桃：晚蜜（图5）

良种编号：京审果0111001-1999。

亲本：亲本不详。

选育者：北京市农林科学院林业果树研究所。

果实性状：果实近圆形，果顶圆。平均单果重230 g，大果重350 g。果面1/2以上着深红色晕，果肉白色，硬溶质，风味浓甜。黏核，可溶性固形物含量在14.5%。

成熟期：北京地区9月底成熟，果实发育期在165天左右。

主要特性：极晚熟大果型白肉桃，丰产，花蔷薇形，花粉多。

图 5 普通桃：晚蜜

（六）油桃：夏至早红（图 6）

果实性状：平均单果重 138 g，大果重 163 g。果实近圆形，果顶圆，稍凹入，缝合线浅。果面近全面着玫瑰红色或紫红色晕，上色早且均匀，色泽艳丽。果肉黄白色，硬溶质，汁液多，风味甜。黏核，可溶性固形物含量在 12.6%。

成熟期：北京地区 6 月下旬（夏至）成熟，果实发育期在 67 天左右。

主要特性：极早熟油桃，丰产。

图 6 油桃：夏至早红

（七）油桃：夏至红（图 7）

果实性状：平均单果重 172 g，大果重 242 g。果实近圆、扁圆形，果顶圆，稍凹入。果面全红，色泽艳丽。白肉，甜，黏核，可溶性固形物含量在 12.1%。

成熟期：北京地区 7 月初成熟，果实发育期在 78 天左右。

主要特性：早熟油桃，花铃形，有花粉，丰产。

图 7　油桃：夏至红

（八）油桃：瑞光美玉（图 8）

良种编号：京审果 2005006。

亲本：京玉 × 瑞光 7 号。

选育者：北京市农林科学院林业果树研究所。

果实性状：果实近圆形，平均单果重 187 g，大果重 253 g。果面近全紫红色，果肉白色。硬肉，风味甜。离核，可溶性固形物含量在 11%。

成熟期：北京地区 7 月下旬果实成熟，果实发育期在 98 天左右。

主要特性：中熟硬肉型白油桃，丰产，花蔷薇形，花粉多。

图 8　油桃：瑞光美玉

（九）油桃：瑞光 28 号（图 9）

果实性状：果实近圆至短椭圆形，平均单果重 260 g，大果重 650 g。果面近全面紫红色，果肉黄色。硬溶质，多汁，风味甜。可溶性固形物含量在 10% ~ 14%。

成熟期：北京地区 7 月下旬成熟，果实发育期在 101 天左右。

主要特性：中熟大果型油桃，花铃形，花粉多，丰产。

图 9　油桃：瑞光 28 号

（十）油桃：瑞光 33 号（图 10）

良种编号：京 S-SV-PP-006-2009。

亲本：京玉 × 瑞光 3 号。

选育者：北京市农林科学院林业果树研究所。

果实性状：果实近圆形，果个大，平均单果重 271 g，大果重 515 g。果面 3/4 以上着玫瑰红色，果肉白色。硬溶质，风味甜。黏核，可溶性固形物含量在 12.8%。

成熟期：北京地区 7 月下旬果实成熟，果实发育期在 101 天左右。

主要特性：中熟白油桃，丰产，花蔷薇形，无花粉。

图 10　油桃：瑞光 33 号

（十一）油桃：瑞光 55 号（图 11）

良种编号：京 S-SC-PP-001-2020。

选育者：北京市农林科学院林业果树研究所。

果实性状：果实近圆形，平均单果重 230 g，大果重 308 g。果面 3/4 至全面玫瑰红色晕，果肉白色。硬肉，离核，风味甜浓，可溶性固形物含量在 13.3%。

　　成熟期：北京地区 7 月底成熟，果实发育期在 105 天左右。

　　主要特性：中熟硬肉、离核白油桃，丰产，花蔷薇形，有花粉。

图 11　油桃：瑞光 55 号

（十二）油桃：瑞光 35 号（图 12）

　　良种编号：（2013 年审定）。

　　亲本：幻想 × 瑞光 19 号。

　　选育者：北京市农林科学院林业果树研究所。

　　果实性状：果实近圆形，平均单果重 191 g，大果重 235 g。果面 3/4 至全面玫瑰红色晕，果肉白肉。硬溶质，风味甜。离核，可溶性固形物含量在 12.6%。

　　成熟期：北京地区 8 月初果实成熟，果实发育期在 109 天左右。

　　主要特性：中熟浓红型白油桃，丰产，花蔷薇形，有花粉。

图 12　油桃：瑞光 35 号

（十三）油桃：瑞光 45 号（图 13）

　　良种编号：京 S-SV-PP-011-2011。

　　亲本：华玉 × 顶香。

选育者：北京市农林科学院林业果树研究所。

果实特性：果实近圆形，平均单果重 220 g，大果重 300 g。果面 3/4 近全面着玫瑰红色。硬溶质，汁液多，风味甜浓。黏核，可溶性固形物含量在 12.9%。

成熟期：北京地区 8 月上旬果实成熟，果实发育期在 112 天左右。

主要特性：晚熟白油桃，丰产，耐储运，花蔷薇形，有花粉。

图 13　油桃：瑞光 45 号

（十四）油桃：瑞光 39 号（图 14）

良种编号：京 S-SV-PP-014-2009。

亲本：华玉 × 顶香。

选育者：北京市农林科学院林业果树研究所。

果实特性：果实近圆形，平均单果重202 g，大果重 284 g。果面近全红，果肉黄白。硬溶质，汁液多，风味甜浓。黏核，可溶性固形物含量在 13%。

成熟期：北京地区 8 月下旬果实成熟，果实发育期在 132 天左右。

主要特性：晚熟浓红型白油桃，丰产，花蔷薇形，有花粉。

图 14　油桃：瑞光 39 号

（十五）蟠桃：瑞蟠13号（图15）

果实特性：早熟蟠桃，果实扁平形，平均单果重133 g，大单果重183 g。果面近全红。果顶凹入，不裂或个别轻微裂，缝合线浅，果皮中厚、易剥离。果肉黄白色，硬溶质，较硬，汁多，纤维少，风味甜，有淡香气，耐运输。黏核，可溶性固形物含量在11%以上。

成熟期：北京地区6月底成熟，果实发育期在78天左右。

主要特性：花芽形成容易，复花芽多。早果，丰产。花蔷薇形，花粉多。

图15　蟠桃：瑞蟠13号

（十六）蟠桃：瑞蟠14号（图16）

良种编号：京审果2004004。

亲本：幻想 × 瑞蟠2号。

选育者：北京市农林科学院林业果树研究所。

果实性状：果实扁平形，平均单果重137 g，大果重172 g。果面近全红，果肉黄白色。硬溶质，多汁，风味甜，有香气。黏核，可溶性固形物含量在11%。

成熟期：北京地区7月上中旬果实成熟，果实发育期在87天左右。

主要特性：早熟白肉蟠桃，丰产，花蔷薇形，花粉多。

图 16　蟠桃：瑞蟠 14 号

（十七）蟠桃：瑞蟠 22 号（图 17）

果实性状：中熟蟠桃，原代号 96-7-8。果实扁平形，平均单果重 182 g，大果重 197 g，果个均匀。果顶微裂，果面近全面红色，果皮不能剥离，果肉白色。硬溶质，硬度较高，多汁，纤维细而少，风味甜，有淡香味。黏核，可溶性固形物含量在 13%。

成熟期：北京地区 8 月上旬果实成熟，果实发育期为 112 天。

主要特性：丰产，花蔷薇形，无花粉。

图 17　蟠桃：瑞蟠 22 号

（十八）蟠桃：瑞蟠 24 号（图 18）

良种编号：京 S-SV-PP-031-2013。

亲本：瑞蟠 10 号实生。

选育者：北京市农林科学院林业果树研究所。

果实性状：果实扁平形，平均单果重 226 g，最大果重 406 g。果面 3/4 以上着玫瑰红色晕。果肉黄白色，硬溶质，多汁，风味甜。黏核，可溶性固形物含量在 12.6%。

成熟期：北京地区 8 月中旬果实成熟，果实发育期在 119 天左右。

主要特性：晚熟白肉蟠桃，花蔷薇形，花粉多。

图 18　蟠桃：瑞蟠 24 号

（十九）蟠桃：瑞蟠 19 号（图 19）

良种编号：京审果 2005004。

亲本：幻想 × 瑞蟠 4 号。

选育者：北京市农林科学院林业果树研究所。

果实性状：果实扁平形，平均单果重 161 g，大果重 233 g。果面近全红，果肉黄白色，硬溶质，多汁，风味甜。黏核，可溶性固形物含量在 11.3%。

成熟期：8 月下旬果实成熟，果实发育期在 135 天左右，与瑞蟠 4 号同期成熟。

主要特性：中熟白肉蟠桃，花蔷薇形，花粉多。

图 19　蟠桃：瑞蟠 19 号

（二十）蟠桃：瑞蟠 101 号（图 20）

良种编号：京 S-SC-PP-002-2020。

选育者：北京市农林科学院林业果树研究所。

果实性状：果实扁平形，果个均匀，平均单果重 333 g，大果重 747 g。果面全面紫红色，果肉黄色。硬溶质，硬度较高，多汁，风味香甜。黏核，可溶性固形物含量在 13.7%。

成熟期：北京地区 9 月上旬成熟，果实生育期在 150 天左右。

主要特性：晚熟大果型黄肉蟠桃，风味香甜，硬度较高，耐贮运，丰产，花蔷薇形，无花粉。

图 20　蟠桃：瑞蟠 101 号

（二十一）蟠桃：瑞蟠 20 号（图 21）

良种编号：京审果 2006002。

亲本：幻想 × 蟠桃 4 号。

选育者：北京市农林科学院林业果树研究所。

果实性状：果实扁平形，果个大，平均单果重 255 g，大果重 350 g。果面 1/3 ~ 1/2 着紫红色，果肉黄白色，硬溶质，多汁，风味甜，硬度高。离核，可溶性固形物含量在 13.1%。

成熟期：北京地区 9 月中下旬果实成熟，果实发育期在 160 天左右。

主要特性：极晚熟白肉蟠桃，丰产，花蔷薇形，有花粉。

图 21　蟠桃：瑞蟠 20 号

（二十二）蟠桃：瑞蟠 21 号（图 22）

良种编号：京审果 2006003。

亲本：幻想 × 瑞蟠 4 号。

选育者：北京市农林科学院林业果树研究所。

果实性状：果实扁平形，果个均匀，平均单果重 236 g，大果重 294 g。果面 1/3 ～ 1/2 着紫红色晕，果肉黄白色。硬溶质，较硬，多汁，风味甜。黏核，可溶性固形物含量在 13.5%。

成熟期：北京地区 9 月下旬果实成熟，果实生育期为 166 天。

主要特性：极晚熟白肉蟠桃，花蔷薇形，有花粉。

图 22　蟠桃：瑞蟠 21 号

（二十三）蟠桃：瑞蟠 25 号（图 23）

良种编号：优系。

选育者：北京市农林科学院林业果树科学研究所。

果实性状：果实扁平形，平均单果重 205 g，大果重 355 g。果面全面粉红，果肉黄白色，硬溶质，硬度较高，多汁，风味甘甜。黏核，可溶性固形物含量在 13.9%。

成熟期：北京地区 6 月底成熟，果实发育期为 84 天。

主要特性：早熟白肉蟠桃，硬度较高，风味甘甜，肉质细腻，丰产，花蔷薇形，花粉多。

图 23　蟠桃：瑞蟠 25 号

（二十四）蟠桃：瑞蟠 26 号（图 24）

良种编号：优系。

选育者：北京市农林科学院林业果树科学研究所。

果实性状：果实扁平形，平均单果重 250 g，大果重 300 g。果面近全红，果肉黄白色。硬溶质，多汁，风味甜淡。黏核，可溶性固形物含量在 12%。

成熟期：北京地区 7 月下旬成熟，果实发育期在 105 天左右。

主要特性：中熟白肉蟠桃，丰产，耐运输，花蔷薇形，花粉多。

图 24　蟠桃：瑞蟠 26 号

（二十五）蟠桃：瑞蟠 27 号（图 25）

良种编号：优系。

选育者：北京市农林科学院林业果树科学研究所。

果实性状：果实扁平形，平均单果重 270 g，大果重 350 g。果面近全红，果肉黄白色。硬溶质，多汁，风味甜。黏核，可溶性固形物含量在 13%。

成熟期：北京地区 8 月下旬成熟，果实发育期在 135 天左右。

主要特性：晚熟白肉蟠桃，硬度较高，挂果期较长，耐运输，丰产，花蔷薇形，花粉多。

图 25　蟠桃：瑞蟠 27 号

（二十六）蟠桃：瑞蟠 31 号（图 26）

良种编号：优系。

选育者：北京市农林科学院林业果树科学研究所。

果实性状：果实扁平形，平均单果重 300 g，大果重 500 g。果面 1/2 ~ 3/4 以上浅红色，果肉黄白色。硬溶质，多汁，风味甜。黏核，可溶性固形物含量在 13%。

成熟期：北京地区 9 月中旬成熟，果实发育期在 155 天左右。

主要特性：极晚熟大果型白肉蟠桃，丰产，花蔷薇形，花粉多。

图 26　蟠桃：瑞蟠 31 号

（二十七）油蟠桃：瑞油蟠 2 号（图 27）

良种编号：京 S-SV-PP-031-2013。

亲本：瑞光 27 号 ×93-1-24。

选育者：北京市农林科学院林业果树科学研究所。

果实性状：果实扁平形，平均单果重 122 g，大果重 150 g。果面近全紫红色，外观鲜艳，果肉乳白色。硬溶质，汁液中等，风味甜浓。黏核，可溶性固形物含量在 13.5%。

成熟期：北京地区 8 月中旬果实成熟，果实发育期在 119 天左右。

主要特性：中熟油蟠桃，耐贮运，丰产，花蔷薇形，有花粉。

图 27　油蟠桃：瑞油蟠 2 号

（二十八）蟠桃优系

1. 2006-1-86 东（图 28）

白肉蟠桃，8 月下旬成熟，平均单果重 288.7 g，果面全红，硬溶质，果肉细，风味甜，黏核。

图 28　2006-1-86 东

2. 2006-1-12 东（图 29）

白肉蟠桃，9 月上旬成熟，平均单果重 337.3 g，果面全面玫瑰红，硬溶质，风味甜，可溶性固形物在 14.8%，黏核。

图 29　2006-1-12 东

（二十九）油桃优系 2- 平 1-19-727-1（图 30）

中熟油桃，7 月下旬成熟，硬肉离核，平均单果重 250 g 以上，大果 500 g，红、甜。

图 30　油桃优系 2-平 1-19-727-1

（三十）油蟠桃优系（图 31）

白油蟠，6 月底成熟，平均单果重 138 g，果面近全红，硬溶质，可溶性固形物在 13.6%，风味甜，黏核。

图 31　油蟠桃优系

三、问题解答

（一）蟠桃与普通桃品种在一个果园里种植是否会串粉，会影响蟠桃的品质吗？

答：现在育种蟠桃和普通桃的基因都是互相交叉的，蟠桃是普通桃的一个变种，可以互相授粉，对蟠桃的品质基本没有影响。

（二）有什么好办法解决桃树开花不坐果？

答：先看看桃树是不是开了花没有花粉，桃树是可以自花授粉的。如果是开花又有花粉，就应该是坐果的。如果不坐果，看看您的桃树是不是没有花粉。如果没有花粉，就需要配置授粉树。如果实在是特殊年份，可能这种自然授粉效果还不好的话，就需要人工辅助，如喷一些花粉或者是点一些花粉这种措施。

（三）果园里桃品种种植杂乱有什么建议？

答：如果您是生产园的话，在建园的时候，就建议您不能把桃品种种得那么混杂。例如，果实膨大期要浇水施肥，如果品种都不一样，成熟期都不一致，可能就会对您的果园管理造成了困扰，所以不建议您种那么混杂。但是如果您是采摘园，就需要品种种得比较多一些，可以按成熟期排列，一行尽可能种成熟期比较一致的，这样管理起来方便一些。

草莓安全生产关键技术

● 专家介绍

宗静，北京市农业技术推广站特色作物科科
长、推广研究员。多年从事草莓技术研发与示范
推广工作，主编北京市地方标准《草莓日光温室
生产技术规程》1 项，发表科技论文 50 篇，出版
书籍 22 部。获国家专利 6 项、省部级奖励 7 项、
选育草莓新品种 1 个。

课程视频二维码

一、北京草莓产业发展概况

（一）种植面积

北京市草莓播种面积与产量情况如图 1 所示，2015—2021 年，北京市草莓播种面积从 10 320.0 亩增长到 12 832.2 亩，产量由 2015 年的 13 482.1 吨增长到 2021 年的 19 547.2 吨，呈逐步增长趋势。

图 1　2015—2021 年北京市草莓播种面积与产量情况

从 2021 年北京市草莓面积的分布来说，全市以顺义区播种面积最大，达到 4098.6 亩；昌平区次之，达到 2952.3 亩；其他如平谷、通州、密云、大兴等区，都有一定面积的种植（图 2）。

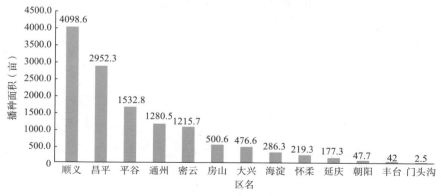

图 2　2021 年北京市草莓播种面积分布

（二）产量情况

从全市范围看，草莓产量情况各区差异显著，单产以密云区最大，达到 1746 kg/ 亩，顺义区次之，丰台区最低，仅有 500 kg/ 亩（图 3）。

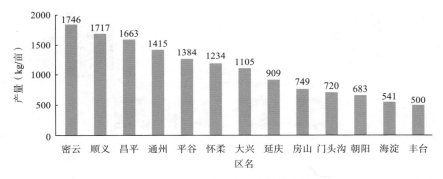

图 3　2021 年北京市各区草莓单产情况

（三）育苗情况

2021 年北京市育苗情况如下。

总体育苗情况：育苗面积共 2418 亩，以市外育苗为主，面积达 1521 亩，占比为 63%，主要分布在北部及西南冷凉地区；市内育苗面积占比为 37%，主要分布在延庆、昌平、大兴。

设施育苗情况：以避雨基质育苗为主，面积达 1764 亩，占比为 73%。

规模企业：中等规模企业（10 ~ 50 亩）10 家和大规模企业（> 50 亩）9 家，占总面积的 73%，育苗数量占总量 80% 以上。

二、草莓安全生产至关重要

民以食为天，食以安为先，加强草莓安全生产，确保舌尖上的安全，是当前的重要任务之一。

草莓安全的风险点，主要有两点：一是农药残留超标；二是有害微生物超标。最受大家关注的是农药残留问题，主要涉及种植者、农资投入、田园环境及管理等多个因素，草莓安全是一项系统工程。

三、草莓安全生产系统工程

草莓安全生产涉及的因素及环节，如图 4 所示。

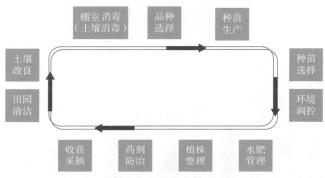

图 4　草莓安全生产涉及的因素及环节

（一）田园清洁

1. 作用

草莓种植之前首先要做好田园清洁，其主要作用是降低病菌和虫口密度，减少病虫害的发生及传播。

2. 操作

田园清洁的具体操作包括：冬、春季节铲除田间、田埂、路边、沟边等处的杂草；生产过程中要把病叶、病果和病株及时清理；生产结束后，要注意清除棚室内的所有枯枝败叶，防治致病菌在枯枝败叶上存活；生产物资（农药、肥料）应单独存放；园区沤制有机肥及处理植株残体的，沤肥和植株残体处理区域要与生产区分开设置；衣物等生活用品存放在生活区，生活区与生产区要相对隔离，以减少病菌传播的机会。

（二）土壤改良

1. 作用

土壤改良的作用就是增加土壤有机质，提高土壤肥力；降低土壤的黏性，改善土壤结构，增加土壤的疏松度、通透性；降低土壤 pH 值，尤其是对于北方地区的碱性土壤而言，非常必要。通过土壤改良，降低病虫害的发生概率和程度。

2. 常用材料

土壤改良的常用材料有：草炭、砂子、蛭石、植物茎秆、园林废弃物等，其中植物茎秆主要在土壤消毒过程中使用，园林废弃物经过粉碎腐熟后使用。此外，还包括充分腐熟的有机肥、松毛土、硫黄粉等。

（三）棚室消毒（土壤消毒）

1. 作用

降低土壤、环境中的病菌和虫口密度，减少病虫害的发生，避免连作障碍。

2. 原因

棚室过道、土壤缝隙、棚膜等都是病菌和害虫的藏身之所，常年连续种植，会造成有害物质增加、病虫积累。

3. 操作

连续种植 3 年以上的棚室，或前一年出现严重土壤病虫害的，必须进行土壤消毒。根据种植年限和病虫害严重程度可以选择不同的消毒方法，种植年限短，病虫害发生少或者程度轻的，可以选择太阳能消毒；如果病害发生严重的，可选择使用熏蒸剂。

土壤消毒时封闭温室，以提高土壤消毒效果，同时进行棚室消毒。此外，在平时打药时，在过道、地膜等地方适当喷药，可以起到棚室消毒的效果。

（四）品种选择

1. 原则

目前生产中常用的品种多为日韩系品种，这些品种品质较好，但抗病性存在差异。因此，要处理好品质与抗病性之间的矛盾。选择原则是，在保证品质的基础上，一是选择抗病性强的品种；二是选择适宜的品种。

2. 操作

在品种选择上，要注意了解品种特性、对环境条件的要求、抗病性等；根据栽培方式选择适宜的品种，引进新品种的过程中，要注意先试验，再大面积种植。此外，要根据不同的品种特性选择不同的管理措施。

（五）种苗生产

1. 重要性

俗话说："七分苗三分管。"种苗生产是草莓生产的关键措施，对草莓生产非常重要。

2. 操作

土壤消毒：土壤育苗，育苗的棚室需要每年进行土壤消毒（可选用氯化苦等药剂进行消毒）。

资材消毒：重点进行基质槽、压苗卡、劳动用具消毒（可用次氯酸钠或高锰酸钾消毒）。

环境调控：通过安装轴流风机、降低密度、植株整理、遮阳网降温等，进行环境调控。此外，做好滴灌给水。

定时预防：做好定时预防，做到定期打药、轮换用药，与植株整理的管理措施相结合，这样才能得到无病壮苗。

（六）种苗选择

1. 选择标准

种苗选择标准，一是品种要纯正；二是根系要发达。另外，要有 4 片以上完整叶片，根茎粗 0.8 cm 以上；无病虫害；建议尽量选择脱毒苗、基质苗。

2. 操作

选择专业的种苗公司；最好到实地进行考察，可分几次进行，在起苗之前一定要到现场查看；种苗应当进行抽检，重点部位包括根系、根茎、叶柄、叶片等，最好是取草莓苗进行根茎纵切，看根茎部位有没有病虫害，或有什么变化。注意种苗植株状态，以第 3 种为最佳（图 5）。

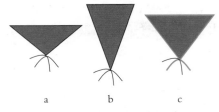

a   b   c

图 5　草莓种苗形态示意

（七）环境调控

1. 重要性

温度、湿度等环境条件与病虫关系密切，一般情况下，病虫害与以下环境条件有关。

白粉病：温暖、潮湿／干燥无常及通风不畅等环境，利于该病发生。

灰霉病：发病条件是低温、高湿、弱光、通风不及时等。

红蜘蛛：要求高温、干燥的环境。

炭疽病：要求高温、高湿的环境，多在苗期发生。

根腐病：根部多在冷凉、潮湿的环境下，易发生根腐病。

2. 操作

环境调控的措施包括：温度调控，主要通过调整设施保温性，如通过扣膜、铺地膜、开关风口、揭放保温被等进行控制；良好的通风，有利于调温调湿。此外，需要调控土壤水分和空气湿度；进行光照管理也是十分必要的，可以使用白炽灯延长光照时间，或采用其他专用补光灯。

（八）水肥管理

1. 水肥与病虫

水肥管理与病虫害关系密切，主要病害与水肥的关系如下。

白粉病：主要与肥力不足有关，植株生长后期衰弱发病重。

灰霉病：水肥不足，生长衰弱均利于灰霉病的发生与扩散。

根腐病：在地势低洼、排灌不良或大水漫灌、土壤黏重、施用未腐熟肥料等情况下，病害严重。

2. 注意事项

一是肥料要从正规渠道购买。二是要了解自家草莓地的肥力情况，基础肥力、EC 值、pH 值等，通过测土后，有针对性地进行施肥，尤其是基肥。施肥时，有机肥必须充分腐熟，同时要适量。三是做好水分供给。一般滴灌给水，给水过程中注意水温适合，浇水时间不能过早、过晚等。总体上，水肥宜少量多次，不宜一次过多。肥料选择，要根据植株的不同阶段、不同长势，来选择不同配比、不同种类、不同数量的肥料，同时要注意补充中微量元素。

（九）植株整理

1. 植株整理与病虫关系

打叶、除匍匐茎、除侧芽、去花序等植株整理的操作会造成植株伤口，给病菌侵染以有利时机。此外，由于病叶、病株、病果的携带，也会造成病虫的传播。

2. 操作

应当注意植株整理宜选择晴天上午进行；植株整理后，尽可能采用药剂防治，可选择广谱性杀菌剂；摘除的病叶、病株、病果及时装袋，带出棚室销毁。

（十）药剂防治

1. 不当行为

主要包括：药剂的购买渠道不正规，不能保证药剂品质；药剂选择不当，药剂配比不合适，混用、轮用使用了不适合的药剂，使用对人、蜜蜂毒性高的药剂等；药剂使用方法不当，未按照正确浓度使用，或使用的时间不对，或打药的位置不准确等。

2. 注意事项

注意 10 个方面：严禁使用高毒农药；尽可能地选择生物药剂；选择对天敌无害的药剂；优先使用烟雾剂；选择适宜的植保机械；选择在关键期用药；在果期一般先摘果后用药；药剂喷洒一定要全面到位；不同有效成分药剂轮换使用；保证安全间隔期。

（十一）收获采摘

1. 采收与安全

采收与安全也有一定关系，主要表现在采摘造成的机械伤口（捏、碰、划等），会造成病菌侵染；成熟果实挂在植株上，长时间不采收，易感染灰霉病等。

2. 操作

注意采摘要轻摘轻放，避免造成伤口；成熟草莓应及时采收；要保证人员健康，采摘前洗手，或戴手套采摘。

四、草莓病虫害的早期鉴别

草莓种植过程中，不可避免地会发生一些病虫害，以下病虫害是生产上常见，或近年来发生有所加重的，应当注意鉴别防治。

（一）白粉病

白粉病是草莓常见病害。

主要症状：早期花瓣变成粉色，果实不正常的变成粉色。

这是草莓白粉病发生初期的症状特点，可以根据这些症状特点，及时采取措施，不要等到白粉出现，甚至一个果实布满了白粉失去了商品价值以后，才去打药防治，这样事倍功半，达不到有效防治的目的（图6）。

a   b

图6 白粉病的早期表现

（二）灰霉病

主要症状：灰霉病发生早期非常隐蔽，不易引起重视，如草莓花序的短花枝变成红色，果实不膨大，花而不实；早期在萼片上出现红色晕斑。这些都是灰霉病早期的症状，需要及早发现。

鉴别：打开萼片上出现红色的果实，剥开后，可以看到里面已经有灰霉存在，果实外表没有问题，但里面病害已经表现比较严重了，影响果实生长（图7）。

a   b

图 7   灰霉病的田间表现

（三）红蜘蛛

早期发现红蜘蛛有几点需要注意：一是叶片失去光泽，失去原有颜色，看着不新鲜；二是叶子颜色还是新鲜的，但上面有一些白色或黄色的点，有的能够明显看到成片刺吸点；三是叶色和长势都不正常（图 8）。

早期发现红蜘蛛可以通过释放天敌进行控制，如加州新小绥螨、智利小植绥螨等都可以使用。等到发生严重，出现结网现象了，要加大天敌用量，才能达到应有效果。

a   b

c

图 8   红蜘蛛为害症状

（四）黄萎病

黄萎病是在草莓苗期和生产期都会发生的一种病害。黄萎病比较容易鉴别，染病植株长势与正常的植株相比，明显矮小；叶片的 2 片小叶出现不对称，以及发黄症状，整株颜色灰暗，叶片越来越小，不对称情况加重（图9）。

田间出现黄萎病，要及早拔除病株。在下茬生产前进行土壤消毒。

a   b

图9　黄萎病田间表现

（五）蓟马

过去认为，蓟马只有在天气热了，才会大面积发生。但是最近实践中发现，蓟马在苗期也会发生，蓟马为害后，植株叶片的叶脉变成紫色、深紫色，叶色变深（图10）。

一旦发现，要及时用药进行控制，防治后新出的叶子就会逐渐变为正常。要及时发现、及时解决。尤其是在草莓开花以后，要经常观察花的生长状态，尤其是雄蕊的生长状态，看其生长是否正常，上面是否有花药，萼片、花瓣是否有蓟马为害的痕迹。如果看到果实变成黄色，或变成僵果，说明蓟马为害比较严重，果实失去了商品价值。

a   b

图10　蓟马田间为害症状

（六）细菌性角斑病

注意辨别一下，该病在叶片正面显示，最初为黄色，最后变成褐色。翻开叶片，可以看到叶背有水浸状角斑，有时候会有菌脓流出。干燥条件下，脓液会变成菌斑。该病是一种细菌性病害，应使用防治细菌性病害的药物进行防治（图 11）。

a   b

图 11　细菌性角斑病症状

（七）跗线螨

跗线螨主要为害生长点部分，造成新生叶片皱缩，变小。叶片上有油渍状，叶脉颜色变深。与红蜘蛛相比，该螨更小更难发现，而且存在于生长点部分，需要剥开生长点，在显微镜下观察才容易看到。植株受侵害的特征比较明显。受害后，植株匍匐茎上有一些凸起，不光滑。发现这些特征后，基本就可以确认是跗线螨（图 12）。

对于跗线螨的防治，可以参照红蜘蛛的防治措施。通过释放天敌或药剂防治。

a   b

c   d

图 12　跗线螨为害症状

（八）空心病（断头病）

空心病（断头病）最近发现比较多，有专家为其命名为细菌性枯萎病，但还存在争议。主要症状是为害植株根茎部，切开根茎部，可以看到中心部位有水浸状，纵切后可以看到根茎部上下开裂，形成一个洞，所以生产上称为空心病。染病的植株变弱，叶片逐渐变小，叶片边缘有变焦枯的现象（图13）。该病发生严重，一般是在10月，草莓进入开花结果期，此时发病对产量影响巨大。

如果是早期发生的情况，可以用一些抗生素类农药进行防治，如使用铜制剂进行灌根，但效果不是很好。一般遇到这种情况，要尽早拔除病株。下茬再种植草莓时，一定要进行土壤消毒。这个病害在实践中应当引起重视。

a　　　　　　b　　　　　　c　　　　　　d

图13　空心病（断头病）田间症状

五、问题解答

（一）如何防止草莓果实畸形？

答：草莓果实畸形是由多种因素影响形成的，与授粉蜜蜂是否工作、工作状态怎么样等外在因素有一定的关系，但主要因素还是草莓早期花芽分化和花芽发育的影响。花芽发育过程中温湿度管理不合理，对草莓果实影响巨大，直接影响草莓花和果实的形成。此外，药剂也是一个不能忽视的因素，假如在花期使用了不合适的药剂，也会造成草莓畸形。

防止畸形要从多方面入手，首先就是从温湿度控制入手，同时保证光照；管理过程中尽量少打农药。在草莓开花时，湿度保持在40%～50%，有利于草莓授粉。做好蜜蜂的管理，保证蜜蜂活动的适宜温度在15～25℃。

（二）春节时期上市的草莓什么时候开始种植？

答：在北京，草莓在春节上市不是问题。正常情况下，选择早熟品种，在北京地区草莓8月底至9月中旬种植，11月中旬就可以上市了，一般能供应到春节前后。如果想把草莓上市期延迟到春节，需要对栽培环境的温度进行调控，也可以考虑对草莓第一茬和第二茬果实量的分配，通过水肥调控，延长上市期，达到在春节集中上市的目的。

（三）如何提高立架基质栽培草莓的品质？

答：在大家的认知当中，认为立架基质栽培草莓的品质与传统栽培方式的草莓相比，存在着水分偏大、糖度偏低、硬度偏低的问题，但实际上，将同时期的立架基质栽培草莓与地栽草莓进行糖度、硬度等指标测定，二者不存在显著差异。甚至有些园区的立架栽培草莓比地栽草莓品质还要好。具体如何提高立架栽培草莓的品质，是一个相对复杂的过程。从基质选择方面，需要选择保水能力好同时透水性高的基质；在架式选择方面，需要进行优选，以利于草莓生长管理；同时，基质栽培对温湿度的管控要求更高，水肥管理要求更加细致、更加精细化，这些都需要在实践中不断地探索与优化。

我国鲑鳟鱼养殖概况及健康养殖技术规范

● 专家介绍

　　徐绍刚，副研究员，现任北京市水产科学研究所水产养殖研究室副主任。主要从事鲑鳟鱼新品种繁育、杂交育种及三倍体苗种制备的研究。主持、参与多项国家级、北京市重点研究和成果推广项目。完成北京市地方标准的制（修）定 3 项，发表 SCI、EI 等收录论文 30 余篇，以第一发明人身份授权发明专利 12 项，曾获北京市科学技术进步奖二等奖 1 项、北京市农业技术推广奖三等奖 1 项、北京市金桥工程二等奖 2 项。

课程视频二维码

一、鲑鳟鱼养殖概况

（一）鲑鳟鱼的定义

鲑科鱼类，习惯上有的被称作鲑，有的称为鳟，统称为鲑鳟。因其能在其他鱼类不能繁殖生长的低温环境中进行世代繁衍而又被称为冷水鱼。其生存的水温范围为 0 ~ 22 ℃，无明显的生长下限温度，生长最适温度为 12 ~ 18 ℃。以分布于北半球的海水、淡水水域的鲑科鱼类为主体。

（二）鲑鳟鱼类的生物学特性

1. 水温条件

① 鲑鳟类栖息环境的水温远低于温水性或广温性鱼类，一般在 0 ~ 22 ℃；② 生长适宜水温是 8 ~ 18 ℃或 12 ~ 18 ℃；③ 超过 18 ℃以后，温度越高，生长速度越慢；④ 超过 20 ℃，生命活力、饲料效率和抗病力降低，死亡率增高；⑤ 在 25 ℃的水体中，会很快死亡；⑥ 繁育期水温一般不能超过 13 ℃，下限适温范围较大，通常水不结成冰即能摄食；⑦ 大部分亲鱼的性腺发育成熟、产卵和卵的受精、胚胎发育及稚鱼的生长发育等有关繁殖的生命活动最适水温为 5 ~ 13 ℃。

2. 繁殖习性

① 鲑鳟鱼类是短日照型鱼类，在自然光照时间逐日变短、水温逐日降低的秋、冬季，性腺发育成熟。② 繁殖季节多在 11 月至次年 2 月，繁殖高峰期是 12 月至次年 1 月，繁殖水温在 8 ℃以下。③ 性腺发育成熟、受精、胚胎发育及稚鱼孵化的上限水温是 13 ℃。④ 性腺成熟、受精、胚胎发育及稚鱼孵化、发育没有明显的下限温度。⑤ 受精后胚胎发育长达 300 ~ 600 ℃·天，完成仔鱼发育进入稚鱼期后孵化出膜。⑥ 野生的鲑鳟产卵都有筑巢的习性，在人工养殖环境下不具备筑巢的条件，亲鱼不会自行产卵。⑦ 性成熟年龄一般 4 ~ 5 龄，种类不同成熟年龄略有差异。⑧ 成熟卵粒比常温鱼类的大，直径一般在 3 ~ 5 mm，橘黄或橘红色。沉性卵，微黏性。

3. 生活习性

① 鲑鳟类喜流水，终生栖息于高透明度、清澈和无污染的水域中。

② 基础代谢水平高，耗氧率高，正常生存的溶解氧量为饱和含氧量的 80% 以上（≥ 5 mg/L）。③ 鱼类的栖息习性多样，一般可分为定居型、洄游型和陆封型 3 种生态类群。典型的淡水定居型种类有哲罗鲑（图 1a）、乌苏里白鲑、细鳞鲑（图 1b）等。典型的洄游型种类有大麻哈鱼属、鲑属的大部分种类及红点鲑属的部分品种。陆封型种类主要有花羔红点鲑（图 1c）、马苏大麻哈鱼和虹鳟。④ 鲑鳟类大多数是肉食性种类，对蛋白质和脂肪的利用率较高。人工养殖条件下，经驯化后大多喜食人工饲料。

a 哲罗鲑   b 细鳞鲑   c 花羔红点鲑

图 1　土著鲑鳟鱼养殖品种

4. 生长速度

① 鲑鳟类相对于其他淡水鱼类，生长速度较快，个体较大。例如，哲罗鲑体重可达 80 kg/ 尾；在苏格兰捕获的大西洋鲑，最大个体达 51.5 kg/ 尾；道纳尔逊优质虹鳟，2 龄体重即可达到 3.5 ~ 4.5 kg。② 洄游型群体较陆封型群体生长更快，同龄鱼洄游型个体长得大，陆封型降湖河群个体小，河川残留群及陆封型河川栖息群个体更小。例如，图们江马苏大麻哈鱼洄游型个体一般为 2.5 ~ 3.5 kg/ 尾，陆封型的成熟个体以 0.2 ~ 0.5 kg/ 尾居多。

5. 我国鲑鳟养殖生产发展历程

（1）人工增养殖阶段

1959 年朝鲜金日成主席赠送周恩来总理 5 万粒发眼卵和 6000 尾当年鱼种，水产部责成由黑龙江省水产科学研究所负责试养，并在海林县建立起我国第一个虹鳟鱼试验场，从而揭开了我国鲑鳟鱼养殖的序幕。1963 年朝鲜平壤市市长又赠送北京市市长虹鳟亲鱼 24 尾，当年鱼种 200 尾，在北京市水产科学研究所饲养，开启了北京市鲑鳟鱼养殖的历史。1963年虹鳟鱼全人工繁殖在我国首次成功。1966年后，各地的虹鳟养殖试验全部中断。20世纪80年代，该产业才得到发展，黑龙江水产科学研究所建成国内第一个综合性的冷水鱼试验站。同时，国内各水产院校、水产研究所，对虹鳟和其他鲑科鱼类的生物学、饲料营养、鱼病病理、遗传育种、养殖技术及生物工程技术等应用研究和基础研究做了许多工作，虹鳟苗种繁育和流水养殖高产技术、虹鳟全雌体育成技术等在国内虹鳟场开始推广应用。

（2）快速发展阶段

20世纪90年代，虹鳟养殖业得到迅速发展，各地建成了虹鳟养殖场400余个。分布于宁夏、甘肃、西藏、贵州、云南、广东、河南等23个省（区、市），年生产虹鳟3000余吨。规模较大的虹鳟养殖场有25个，主要有黑龙江宁安市钻心湖虹鳟渔场、辽宁省本溪市虹鳟种场、山东省泗水县虹鳟良种场、北京市密云水库虹鳟场、北京市怀柔区慕田峪虹鳟场等。

2000年以后，鲑鳟养殖业得到快速发展，养殖品种除虹鳟外，从国外引进了金鳟、硬头鳟、美洲红点鲑、银鲑、白点鲑、大西洋鲑、北极红点鲑等养殖品种，如图2所示。鲑鳟养殖业与游钓业、餐饮业逐渐结合，发展迅速。例如，北京市怀柔区的虹鳟休闲渔业，已经成为怀柔区农业四大支柱产业之一。

| a 虹鳟 | b 金鳟 | c 北极红点鲑 | d 溪红点鲑 | e 山女鳟 |
| f 白点鲑 | g 大西洋鲑 | h 高白鲑 | i 银鲑 | j 硬头鳟 |

图2　鲑鳟鱼养殖品种

（3）高效生态养殖阶段

随着人类对环境保护和自身健康意识的日益增强，对水产品质量的要求也越来越高，因此，对养殖良种选择、饲料和营养、疾病防治及养殖环境管理等方面提出了更高要求。节水、生态、高效成为鲑鳟渔业今后的发展方向，从无须进行水质处理的流水养殖方式，到逐渐要求每个养殖场必须对养殖废水经过无害处理才能排放的生态模式；工厂化循环水养殖技术也日益成熟，养殖产量从 $40 \, kg/m^3$ 水提高到 $100 \, kg/m^3$ 水。

（三）养殖模式

1. 工厂化流水养殖模式

流水养殖是以无污染的江河、湖泊、水库、山区流水和深井水等为水源，通过机械提水或利用水位、地形的自然落差，保持鱼池水体的适宜流速和流量的开放式养殖方式。

特点：

这种养殖方式具有占地面积小、集约化程度高、便于管理、投资成本低、水质优良、水体溶氧丰富、鱼病少等优点，是我国目前较为普遍的鲑鳟养殖模式之一。

2. 网箱养殖模式

网箱养殖模式分为海水网箱养殖和淡水网箱养殖，是近年来发展起来的一项高科技养殖项目，它是利用网片装配成一定形状的箱体，设置在较大的水体中，通过网眼进行网箱内外水体交换，使网箱内形成一个适宜鱼类生活的活水环境，具有高产、高效益、高投入的特点。

特点：

① 可节省开挖鱼池需用的土地、劳力，投资后收效快。② 能充分利用水体和饵料生物，实行混养、密养、成活率高，可达到创高产目的。③ 饲养周期短、管理方便，具有机动灵活、操作简便的优点。④ 起捕容易。收获时无须特别捕捞工具，可一次上市，也可根据市场需要，分期分批起捕，便于活鱼运输和储存，有利于市场调节。⑤ 适应性强，便于推广。网箱养鱼所占水域面积小，只要具备一定的水位和流

量，农村、厂矿都可养。

海水网箱养殖利用黄海冷水团区域的低温优势，由青岛海洋大学董双林教授于 2014 年最早提出，2018 年建成世界最大的全潜式深远海钢构养殖网箱"深蓝 1 号"，2019 年"深蓝 1 号"网箱放养量超过 10 万尾，2019 年 12 月，黄海冷水团养殖试验成功通过专家验收（图 3）。

图 3 国内首座大型全潜式海洋渔业养殖装备"深蓝 1 号"

3. 大水面养殖

典型案例：新疆赛里木湖养殖高白鲑。

特点：

① 高白鲑属滤食性鱼类，不适合工厂化养殖；② 正常生活水温 1 ~ 28 ℃，其最适温度为 15 ~ 25 ℃；

养殖情况：

黑龙江水产科学研究所 1985—1987 年分别从日本、苏联引进高白鲑发眼卵进行人工养殖；1987 年在我国成功进行人工繁殖；1989 年分别向黑龙江和新疆部分水体进行放流。1998 年开始新疆从俄罗斯大量引进高白鲑在赛里木湖放养并获得成功。

4. 海水循环水工厂化养殖

典型案例：烟台（东方海洋）养殖大西洋鲑，东方海洋公司于 2010 年从挪威引进 20 万尾鱼苗开始商品鱼养殖。

特点：

① 海水水域，要求最适宜水温为 13 ~ 18 ℃；② 对于养殖设备要

求较高，涉及的设备主要包括供氧设备、水循环设备、水处理设备、水体消毒设备及自动投食设备；③ 养殖成本远高于流水养殖及网箱养殖；④ 可活体供应市场。

二、鲑鳟鱼人工繁殖技术

（一）亲鱼培育

亲鱼培育池：面积 80 ~ 200 m^2，水深 0.8 ~ 1.2 m，注水流量 50 ~ 100 L/s。

亲鱼选择：体质健壮，性腺发育良好，3 龄以上，体重 ≥ 2 kg。

雌雄配比：2 ~ 4 : 1。

放养密度：3 ~ 5 kg/m^2。

培育饲料：蛋白质含量在 44% 左右，粗脂肪含量 ≤ 10%。

适宜水温：10 ~ 13 ℃。

成熟度鉴别：性成熟的雌鱼腹部膨大而柔软，生殖孔红肿外突，轻压腹部即有卵粒外流；性成熟的雄鱼轻压腹部即有精液流出。

采卵频率：进入繁殖期，每隔 6 ~ 8 天进行一次成熟度鉴别，对已成熟的雌鱼应及时采卵。

存在的问题主要有：近年来鲑鳟亲鱼种质退化非常严重；性成熟时间提前；生长速度减慢（较 20 世纪 80 年代生长速度下降 30%）；鱼病频繁暴发。

产生这些问题的原因主要包括：将能够产卵的鱼作为亲鱼，没有进行亲鱼选育；亲鱼近亲繁殖现象严重。

（二）人工采卵

环境：光线暗淡，采出的精、卵及受精卵避免强光直射。

人工采卵前处理：采卵、精液前要擦净鱼体表的水分，然后轻压生殖孔前上方，挤出尿液和粪便。

人工采卵：用挤压法向雌鱼腹部施力，将 3 ~ 5 尾鱼的卵挤入授精盆中。用挤压法将 2 ~ 3 尾雄鱼精液采入授精盆，然后将精、卵用手迅速搅拌均匀，精液、卵子接触之前两者均不可遇水。

授精：向授精盆内加入相当于卵量2倍以上的清水，轻轻拌匀，静置2～3 min后反复加入清水清洗受精卵，清洗后的受精卵加入清水静置1小时，使受精卵吸水膨胀，期间避免受精卵震动。

（三）人工孵化

1. 发眼前的孵化

静置60 min后的受精卵，卵膜变硬，弹性增强，耐震力增强，放入孵化桶内进行流水孵化。

水温：适宜水温为8～12 ℃。

溶解氧量：≥9 mg/L。

光照：孵化场所及孵化器应采取遮光措施，绝对避免阳光直射。

流水量：每5万粒卵流水量为4～6 L/min。

消毒：隔日用浓度为500 g/m³的福尔马林消毒。

虹鳟鱼胚胎发育所需累计温度情况，以及虹鳟鱼卵孵化天数与水温的关系，如表1、表2所示。

表1 虹鳟鱼胚胎发育所需累计温度情况

孵化累计温度（℃）	胚胎发育期	孵化累计温度（℃）	胚胎发育期	孵化累计温度（℃）	胚胎发育期
2.0	形成胚胎	9.7	64细胞	78.4	外包2/3
3.8	2细胞	11.0	多细胞	86.4	胚孔封闭
4.7	4细胞	12.0	高囊胚	103.7	出现晶体
5.7	8细胞	23.1	低囊胚	129.7	五对肌节
7.2	16细胞	47.0	出现胚环	169.8	出现眼点
8.5	32细胞	48.7	出现胚盾	343.0	破膜

表2 虹鳟鱼卵孵化天数与水温的关系

水温(℃)	5天	6天	7天	8天	9天	10天	11天	12天	13天	14天	15天
从受精到发眼	—	30	25	21	18	16	14	13	12	—	—
从受精到孵出	75	60	50	42	36	32	29	26	24	22	20
从受精到上浮	—	110	95	80	68	60	55	49	45	—	—

亲鱼孵化流程如图4所示。

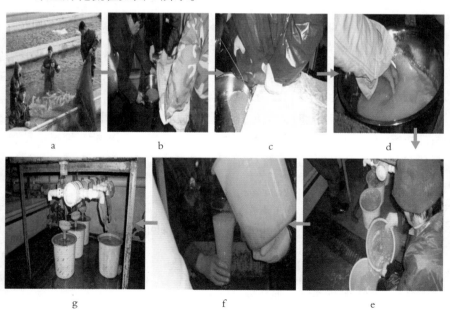

图4 亲鱼孵化流程

2. 发眼后的孵化

受精卵在 10 ℃条件下，180 ℃·天左右开始发眼。

拣除死卵：饱和盐水或人工挑出。

消毒：消灭卵表面的病原体；经消毒的发眼卵即可包装运输或移入孵化槽内实施流水孵化。

流水量：每 5 万粒发眼卵供水量要达到 10 L/min。

溶解氧：孵化槽排水口溶解氧量要达到 6 mg/L 以上。

发眼卵孵化阶段应每日拣出死卵 1 次，发眼卵破膜后停止拣卵操作。定期清理孵化池出水口，防止出水口堵塞。

三、鲑鳟鱼苗种培育技术

（一）孵化稚鱼的培育管理

① 当孵化积温达 320 ℃·天左右时，稚鱼陆续破膜孵出。

② 孵化稚鱼沉在水底不会游泳，怕光，要避免直射光的照射。

③ 稚鱼孵化期间，每 5 万粒卵孵出的稚鱼供水量要达到 12 L/min。

（二）上孵稚鱼培育

培育池：面积 1 ~ 3 m²，水深 0.2 m 的鱼池。

放养密度为 1.0 万 ~ 1.2 万尾 /m²。当孵化积温达 600 ℃·天，稚鱼卵黄囊被吸收 3/5 以上时，稚鱼开始上浮游泳。当上浮稚鱼增至孵化稚鱼的半数时开始投喂；采取过量投饵法每天投喂 6 ~ 8 次，投喂应使饵料均匀散满水面薄薄一层；稚鱼培育期间要随着稚鱼的长大适时增加注水量。

1. 开口时注意事项

上浮稚鱼投喂前最好能够倒池，方法为将同一批次的上浮稚鱼撇入同一个苗种培育池进行培育。

好处：

① 彻底清理苗种培育池。

② 规格整齐，可提高苗种培育成活率。

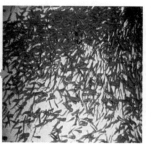

| a 18 ~ 20 天 | b 30 ~ 40 天 | c 60 ~ 70 天 |

图5 发眼卵孵化流程

2. 苗种培育期间注意事项

① 定期消毒：每 10 ~ 15 天用浓度为 15‰ ~ 20‰ 的大粒盐做防病消毒一次；② 定期倒鱼：每半月左右将鱼苗倒池 1 次；③ 吸底：每日对苗种培育池吸底 1 ~ 2 次。

（三）幼鱼培育

稚鱼培育体重达 0.5 ~ 0.8 g，进入幼鱼培育阶段。可以继续在平列槽内饲育一段时间，也可以放养在苗种培育池，放养密度为 0.5 万 ~ 0.8 万尾 /m²，池水深 15 ~ 30 cm，池水交换量 2 ~ 3 次 / 小时。排出水溶解氧要达 8 mg/L 以上。每天投喂 4 ~ 6 次，日投饵量如表 3 所示。苗种培育期间要准确记录死鱼尾数和存池尾数，每半个月打样一次，随时掌握稚鱼生长情况和存池鱼总重量（表 3）。

表 3 虹鳟鱼幼鱼不同阶段的投喂粒径及不同水温条件下的投喂量

鱼的平均 体重（g）	粒径 （mm）	投喂量（占鱼体重的比例）							
		2 ℃	4 ℃	6 ℃	8 ℃	10 ℃	12 ℃	14 ℃	16 ℃
0.05 ~ 0.1	细粉	2.7%	3.2%	4.1%	5.3%	6.0%	6.3%	6.5%	7.0%
0.1 ~ 0.4	粗粉	2.4%	2.8%	3.5%	4.5%	5.0%	5.4%	5.8%	6.2%
0.4 ~ 4.0	0.1	2.0%	2.4%	2.8%	3.2%	3.8%	4.2%	5.0%	5.5%

（四）鱼种养殖

从上浮稚鱼开始直至养到 1 年的鱼。

（1）鱼池类型

流水养殖池，养殖池为水泥池或玻璃钢水槽均可。

（2）鱼池规格

5 ~ 30 m²，水深 0.5 ~ 0.7 m 鱼池为宜。

（3）日常管理

① 流水养鱼池从进水口到排水口处要有 10% ~ 20% 的坡降，以利于清除污物，保持水质的清洁。

② 排水口和溢水口应根据鱼体的大小设置网闸，以防鱼的逃逸。

③ 随着鱼种生长，当个体差异超过 30% 或密度超过表 4 所示不同水量、水温下可允许的饲养量时，应及时分池或分级。

虹鳟鱼鱼种不同阶段的投喂粒径及不同水温条件下的投喂量，如表 5 所示。

表 4　虹鳟鱼在不同水量、水温下可允许的饲养量

单位：尾 /m²

水量 （L/s）	水温 （℃）	饲养鱼规格（g）										
		40	50	60	70	80	90	100	150	200	250	300
10	20	100	87	74	62	53	43	37	25	20	16	13
	15	160	140	120	100	87	75	63	47	37	28	19
	10	250	210	190	160	140	120	100	80	65	47	31
20	20	220	180	150	130	110	90	80	50	40	30	26
	15	340	290	250	220	180	160	130	100	77	58	39
	10	500	440	390	330	290	250	210	170	130	96	64
30	20	340	280	240	200	170	140	120	80	60	50	40
	15	520	440	380	330	280	240	200	150	120	90	60
	10	780	680	600	520	450	380	330	250	210	150	100

表 5　虹鳟鱼鱼种不同阶段的投喂粒径及不同水温条件下的投喂量

鱼的平均 体重（g）	粒径 （mm）	投喂量（占鱼体重的比例）							
		2 ℃	4 ℃	6 ℃	8 ℃	10 ℃	12 ℃	14 ℃	16 ℃
4.0 ~ 8.0	0.2	1.3%	1.7%	1.9%	2.0%	2.2%	2.5%	2.8%	3.2%

续表

鱼的平均 体重（g）	粒径 （mm）	投喂量（占鱼体重的比例）							
		2 ℃	4 ℃	6 ℃	8 ℃	10 ℃	12 ℃	14 ℃	16 ℃
8.0 ～ 20.0	0.3/1.6	1.0%	1.3%	1.4%	1.7%	2.0%	2.3%	2.6%	3.0%
20.0 ～ 50.0	1.6	0.9%	1.1%	1.3%	1.5%	1.7%	1.9%	2.1%	2.3%
50.0 ～ 100.0	2.0	0.8%	1.0%	1.2 %	1.4%	1.6%	1.8%	2.0%	2.0%
100.0 ～ 150.0	2.0/2.5	0.7%	0.8%	1.1%	1.3%	1.5%	1.7%	1.9%	1.9%

四、鲑鳟鱼商品鱼养殖技术

商品鱼规格因地而异，在国内根据大众的餐饮习惯，鲑鳟的食用规格和食用方式，各品种略有不同。例如，陆封型马苏大马哈鱼、溪红点鲑、细鳞鱼一般为 300 ～ 400 g/ 尾；虹鳟、硬头鳟、金鳟、北极红点鲑、银鲑等为 500 ～ 750 g/ 尾；哲罗鲑为 1500 g/ 尾以上。如果是制成生鱼片或工厂加工，养成规格则需要达到 1500 g/ 尾以上，或者更大。商品鱼养殖要根据出池规格和时间制订生产计划。

水泥池流水养殖

养殖池面积：30 ～ 100 m²，水深 0.8 ～ 1.2 m 为宜。

鱼种质量：规格整齐、体色鲜亮、游动敏捷、体质健壮。

放养密度：在一年生长期中，年生产量为放养量的 3.5 ～ 5.0 倍，放养量必须达到生产目标的 20% ～ 30%（表 6）。

适宜温度：12 ～ 18 ℃，常年水温最好不低于 10 ℃，最高不超过 22 ℃。

溶解氧：≥ 9 mg/L 以上为好，池水最低溶解氧不应低于 5 mg/L。

饲料要求：粗蛋白含量在 43% 左右，粗脂肪在 13% 左右，粗灰分为 6% ～ 12%，粗纤维为 2% ～ 5%，无氮浸出物为 20% ～ 25%，碳水化合物为 20% ～ 30%，磷在 0.8% 以上，钙为 0.2% ～ 0.25%，镁为 0.1%，氯化钠为 1% ～ 2%（表 7）。

商品鱼养殖的注意事项主要有饲料质量、苗种质量、日常管理。

表6　商品鱼养殖阶段不同水温可允许的放养密度

单位：尾 /m²

水温	放养时体重（g）									
	50	60	70	80	90	100	150	200	250	300
10 ℃	210	190	160	140	120	110	80	65	45	30
15 ℃	160	130	110	90	70	60	50	43	30	25

鲑鳟鱼常见疾病治疗与禁用药物，如表 8、表 9 所示。

表7　鱼种体重、水温与投饲量的关系

鱼的平均体重（g）	水温							
	2 ℃	4 ℃	6 ℃	8 ℃	10 ℃	12 ℃	14 ℃	16 ℃
100 ~ 150	0.5%	0.7%	1.0%	1.3%	1.7%	2.1%	2.5%	3.0%
150 ~ 250	0.5%	0.7%	1.0%	1.3%	1.6%	2.0%	2.3%	2.8%
250 ~ 500	0.5%	0.7%	0.8%	1.1%	1.5%	1.8%	2.1%	2.4%
500 ~ 750	0.4%	0.6%	0.7%	1.0%	1.2%	1.4%	1.7%	2.0%
750 ~ 1000	0.3%	0.5%	0.6%	0.9%	1.1%	1.3%	1.5%	1.7%

表8　鲑鳟鱼常见疾病治疗

鱼病名称	主要症状	防治方法
小瓜虫病	病鱼体表布满白色的小点，同时伴有大量的黏液，病情严重时表皮糜烂	1% ~ 2% 的氯化钠溶液浸泡 20 ~ 30 min，连续 3 次
指环虫病	眼球凹陷，鳃丝黏液增多、肿胀，分布着大量虫体密集而成的白色斑点	水体用硫酸铜、硫酸亚铁合剂 0.5 ~ 0.8 mg/L 全池泼洒，连用 2 ~ 3 天
细菌性肠炎病	病鱼腹部膨大，体色暗淡，游动无力，手摸鱼体粗糙，肛门红肿有外突，解剖鱼体可见肠道不同程度充血，伴有黄色腹腔积液	用大蒜素粉（含大蒜素10%）按鱼体重 200 mg/kg 进行口服，连续投喂 5 ~ 7 天

续表

鱼病名称	主要症状	防治方法
烂鳃病	病鱼鳃丝腐烂带污泥，鳃丝末端有许多黏液；严重时鳃盖骨内表皮中央被腐蚀成一个不规则的透明小窗	1% ~ 2% 的氯化钠溶液浸泡 20 ~ 30 min，连续 3 次
水霉病	菌丝侵入病鱼肌肉，体表菌丝大量繁殖呈灰白色絮状	预防办法是在孵化期间，注意挑拣并除去死卵；拉网时，注意避免擦伤鱼体

表9 鲑鳟鱼禁用药物一览

药物名称	化学名称（组成）	别名
地虫硫磷 fonofos	O- 乙基 –S– 苯基二硫代磷酸乙酯	大风雷
六六六 BHC（HCH） Benzem，bexachloridge	1，2，3，4，5，6- 六氯环己烷	
林丹 lindane，agammaxare，gamma-BHC gamma-HCH	γ-1，2，3，4，5，6- 六氯环己烷	丙体六六六
毒杀芬 camphechlor（ISO）	八氯莰烯	氯化莰烯
滴滴涕 DDT	2，2- 双（对氯苯基）-1，1，1- 三氯乙烷	
甘汞 calomel	二氯化汞	
硝酸亚汞 mercurous nitrate	硝酸亚汞	
醋酸汞 mercuric acetate	醋酸汞	
呋喃丹 carbofuran	2，3- 氢 –2，2- 二甲基 –7- 苯并呋喃-甲基氨基甲酸酯	克百威、大扶农
杀虫脒 chlordimeform	N-（2- 甲基 –4- 氯苯基）N'，N'- 二甲基甲脒盐酸盐	克死螨
双甲脒 anitraz	1，5- 双 –（2，4- 二甲基苯基）-3- 甲基 1，3，5- 三氮戊二烯 –1，4	二甲苯胺脒

续表

药物名称	化学名称（组成）	别名
氟氯氰菊酯 flucythrinate	（R，S）-α-氰基-3-苯氧苄基-（R，S）-2-（4-二氟甲氧基）-3-甲基丁酸酯	保好江乌 氟氰菊酯
五氯酚钠 PCP-Na	五氯酚钠	
孔雀石绿 malachite green	$C_{23}H_{25}CIN_2$	碱性绿、盐基块绿、孔雀绿
锥虫胂胺 tryparsamide		
酒石酸锑钾 anitmonyl potassium tartrate	酒石酸锑钾	
磺胺噻唑 sulfathiazolum ST，norsultazo	2-（对氨基苯磺酰胺）-噻唑	消治龙
磺胺脒 sulfaguanidine	N1-脒基磺胺	磺胺胍
呋喃西林 furacillinum，nitrofurazone	5-硝基呋喃醛缩氨基脲	呋喃新
呋喃唑酮 furazolidonum，nifulidone	3-（5-硝基糠叉氨基）-2-噁唑烷酮	痢特灵
呋喃那斯 furanace，nifurpirinol	6-羟甲基-2-[-5-硝基-2-呋喃基乙烯基]吡啶	P-7138（实验名）
氯霉素 （包括其盐、酯及制剂） chloramphennicol	由委内瑞拉链霉素生产或合成法制成	
红霉素 erythromycin	属微生物合成，是 streptomyces eyythreus 生产的抗生素	
杆菌肽锌 zinc bacitracin premin	由枯草杆菌 bacillus subtilis 或 B.licheniformis 所产生的抗生素，为一含有噻唑环的多肽化合物	枯草菌肽
泰乐菌素 tylosin	S.fradiae 所产生的抗生素	

续表

药物名称	化学名称（组成）	别名
环丙沙星 ciprofloxacin（CIPRO）	为合成的第三代喹诺酮类抗菌药，常用盐酸盐水合物	环丙氟哌酸
阿伏帕星 avoparcin		阿伏霉素
喹乙醇 olaquindox	喹乙醇	喹酰胺醇羟乙喹氧
速达肥 fenbendazole	5- 苯硫基 -2- 苯并咪唑	苯硫哒唑氨甲基甲酯
己烯雌酚 （包括雌二醇等其他类似合成等雌性激素） diethylstilbestrol，stilbestrol	人工合成的非甾体雌激素	乙烯雌酚，人造求偶素
甲基睾丸酮 （包括丙酸睾酮、美雄酮及同化物等雄性激素） methyltestosterone，metandren	睾丸素 C17 的甲基衍生物	甲睾酮甲基睾酮

五、问题解答

（一）鲑鳟鱼能不能用网箱养殖？

答：可以网箱养殖，共有两种方式：一种是海水网箱养殖；另一种是淡水网箱养殖。

（二）鲑鳟鱼可以与常温淡水鱼混养吗？

答：不建议混养，鲑鳟鱼的适宜水温是 12 ~ 18 ℃，这个水温不太适合常温淡水鱼。

（三）鲑鳟鱼养殖会出现浮头现象吗？如出现应怎么处理？

答：会出现，溶解氧低于 5.5 mg/L 时会出现浮头。可以通过加大流水量进行处理。

北京规模化奶牛场热应激预警及精准调控策略

● 专家介绍

鲁琳，教授，现任北京农学院动物科技学院畜禽健康养殖学科负责人，硕士研究生导师，入选现代农业产业技术体系北京市奶牛创新团队，担任健康养殖与环境控制功能研究室主任兼岗位专家。教学方面，主讲动物环境卫生学和养牛生产学；科研方面，主要从事奶牛场环境控制与粪污资源化处理、肉牛营养与牛肉品质等方面的研究与示范推广工作，主持或参与国家级、北京市研究课题 9 项，发表学术论文 30 余篇，获国家发明专利 2 项，主编或参编著作 6 部。曾获"北京市青年教师师德先进个人"荣誉称号和北京市农业科技推广奖二等奖一项。

课程视频二维码

一、热应激危害与早期预警

随着全球气候变暖，高温天气越来越多，奶牛发生应激的可能性也越来越大。奶牛的生活特性是耐寒不耐热，规模化奶牛场的高产奶牛对热环境更加敏感。由于遗传的不断改良，高产奶牛的产奶量、采食量、体重逐渐提高，其代谢产热和热增耗提高，使得高产奶牛就像一台高速运转的机器。同时规模化奶牛场多采取开放、半开放甚至密闭的牛舍，奶牛产生的热不易散出。同时在牛舍内部由于饲养密度大，每头牛都是一个热辐射源，牛与牛靠得很近，又成为热辐射对象（图1）。

a   b

图1 规模化奶牛养殖场密闭牛舍

据统计，京津冀地区平均气温超过 27 ℃的天气约 100 天，占全年天数的 27%，由此引起奶牛产奶量下降 20% 左右，严重制约着奶业健康发展。同时，北京地区夏季传统防暑降温措施水浪费、电浪费严重，增加了企业的环保压力，经济负担加重。采用关键技术，缓解奶牛热应激，节水减排，降低生产成本，提高奶牛单产水平，建立生态环保、高效安全的奶牛养殖模式是奶牛场生存发展乃至提升市场竞争力的必由之路。

（一）热应激危害

从奶牛的本身机体变化来看，环境温湿度升高，散热困难增加。从热应激对奶牛的生产性能和免疫力方面的影响来看，体温升高造成奶牛单产下降 3 ~ 5 kg。奶牛情况损失较大，使能量处于负平衡状态，瘤胃的健康受到损伤，唾液分泌减少；HCO_3 离子浓度降低，pH 值下降。肠道健康受损、血液供应不足、上皮萎缩和脱落、肠漏症等，最后严重的甚至造成繁殖方面的疾病。

1. 热应激对产奶量的影响

热应激会导致奶牛产量下降 35% ~ 40%，当温湿度指数超过 68 之后每上升一个单位，牛只产奶量每天损失 0.27 ~ 0.59 L。热应激导致奶牛产量降低的关键原因是减少了干物质的采食量，下面通过配对饲喂试验，几个类似的研究比较了热应激奶牛同正常奶牛产奶量损失的差别。两组奶牛采食相同的干物质，结果表明应激组奶牛的产奶量损失显著高于对照组奶牛产奶量，热应激会导致产奶量下降 35% ~ 40%。

2. 热应激增加体温

奶牛代谢产生的热量，在正常状态下散发到环境中。当温湿度逐渐增加时奶牛散热能力下降，从而引起奶牛体温不断升高。

3. 热应激对奶牛疾病的影响

由于体温的升高，增加了奶牛的站立时间。有实验表明，当奶牛白天站立时间超过 45% 时，蹄病发生的危险大大增加。热应激期间蹄部健康受到影响的机制，是由于奶牛的喘气散热造成了代谢性的酸中毒。同时环境潮湿、奶牛冷却系统、粪便积累、泥泞的区域、软化的蹄部等这些因素容易导致奶牛蹄部过度磨损而引发蹄病的发生。

4. 热应激影响瘤胃功能

奶牛在热应激情况下，由于二氧化碳消耗过多，唾液流出增加，更少的唾液进入瘤胃致使奶牛瘤胃酸中毒，从而影响瘤胃功能。

5. 热应激对脂类和碳水化合物代谢的影响

热应激情况下，胰岛素的含量在泌乳奶牛和犊牛体内升高，由于胰岛素含量的增加，乳糖合成所需要的葡萄糖含量减少。在能量负平衡下，血清中游离脂肪酸浓度显著降低，高度依赖葡萄糖成为维持需要的主要能量来源，乳糖合成所需要的葡萄糖含量减少，而乳糖含量决定了产奶量。

6. 热应激对能量代谢的影响

高水平的胰岛素降低了脂肪动员，并且增加了葡萄糖的利用，葡萄糖氧化相比脂肪氧化产生较少的热，奶牛动员葡萄糖的比例增加，乳腺没有得到充足的葡萄糖来合成乳糖。

7. 热应激造成牛奶供应量季节不平衡

据统计，3—5 月牛奶供应量占全年牛奶供应量约 30%，而 8—10 月牛奶供应量占全年牛奶供应量不足 20%。

（二）热应激的判定方法

1. 生理指标判定法

可以通过直肠温度的高低来判定，正常：38 ~ 39.2 ℃；轻度：39.2 ~ 39.6 ℃；中度：39.6 ~ 40 ℃；重度：> 40 ℃。操作过程本身可能会引起应激反应。

2. 呼吸频率判定法

可以通过呼吸频率来判定，正常：20 ~ 40 次 /min；轻度：50 ~ 60 次 /min；中度：70 ~ 120 次 /min；重度：120 ~ 160 次 /min。这种做法可以精确到个体，但是比较耗时，对于规模化奶牛场来说可操作性比较低。

3. 生产性能判定法

可以通过生产性能来判定，热应激状态奶牛采食量或产奶量下降 10% 以上，严重的热应激状态可以下降 15% 以上。但是这种方法不能准确测定到个体情况，有一定的滞后性。

4. 环境参数法——温湿度指数（THI）判定法

热应激可以通过环境参数法——温湿度指数（THI）来判定。无应激：THI < 72，轻微：THI 在 72 ~ 78，中度：THI 在 78 ~ 89，严重：TH > 90。同时还要根据产奶量大小来调整，产奶量 45 kg/ 天的奶牛比 35 kg/ 天的应激阈值低 5 ℃，对于产奶量 35 kg/ 天的奶牛，日平均 THI > 68 的产奶量开始下降（表 1）。

表1　2011年修订过的泌乳奶牛热应激温湿度指数

温度		相对湿度（%）																		
°F	°C	0	5	10	15	20	25	30	35	40	45	50	55	60	65	70	75	80	85	90
72	22.0	64	65	65	65	66	66	67	67	67	68	68	69	69	69	70	70	70	71	71
73	23.0	65	65	66	66	66	67	67	68	68	68	69	69	70	70	71	71	71	72	72
74	23.5	65	66	66	67	67	67	68	68	69	69	70	70	70	71	71	72	72	73	73
75	24.0	66	66	67	67	68	68	68	69	69	70	70	71	71	72	72	73	73	74	74
76	24.5	66	67	67	68	68	69	69	70	70	71	71	72	72	73	73	74	74	75	75
77	25.0	67	67	68	68	69	69	70	70	71	71	72	72	73	73	74	74	75	75	76
78	25.5	67	68	68	69	69	70	70	71	71	72	73	73	74	74	75	75	76	76	77
79	26.0	67	68	69	69	70	70	71	71	72	73	73	74	74	75	76	76	77	77	78
80	26.5	68	69	69	70	70	71	72	72	73	73	74	75	75	76	76	77	78	78	79
81	27.0	68	69	70	70	71	72	72	73	73	74	75	75	76	77	77	78	78	79	80
82	28.0	69	69	70	71	71	72	73	73	74	75	75	76	77	77	78	79	79	80	81
83	28.5	69	70	71	71	72	73	73	74	75	75	76	77	78	78	79	80	80	81	82
84	29.0	70	70	71	72	73	73	74	75	75	76	77	78	78	79	80	80	81	82	83
85	29.5	70	71	72	72	73	74	75	75	76	77	78	78	79	80	81	81	82	83	84
87	30.0	71	71	72	73	73	74	75	76	77	78	78	79	80	81	81	82	83	84	84
87	30.5	71	72	72	73	74	75	76	77	77	78	79	80	81	81	82	83	84	85	85
88	31.0	72	72	73	74	74	76	76	77	78	79	80	81	81	82	83	84	85	86	86
89	31.5	72	73	74	75	75	76	77	78	79	80	80	81	82	83	84	85	86	86	87
90	32.0	72	73	74	75	76	76	78	79	80	80	81	82	83	84	85	86	86	87	88
91	33.0	73	74	75	76	76	77	78	79	80	81	82	83	84	85	86	87	87	88	89
92	33.5	73	74	75	76	77	78	79	80	81	82	83	84	85	86	87	88	88	89	90
93	34.0	74	75	76	77	78	79	80	80	81	82	83	85	85	86	87	88	89	90	91
94	34.5	74	75	76	77	78	79	80	81	82	83	84	85	86	87	88	89	90	91	92
95	35.0	75	76	77	78	79	80	81	82	83	84	85	86	87	88	89	90	91	92	93
96	35.5	75	76	77	78	79	80	81	82	83	85	86	87	88	89	90	91	92	93	94
97	36.0	76	77	78	79	80	81	82	83	84	85	86	87	88	89	91	92	93	94	95
98	36.5	76	77	78	80	80	82	83	83	85	86	87	88	89	90	91	92	93	94	95
99	37.0	76	78	79	80	81	82	83	84	85	86	88	89	90	91	92	93	94	95	96
100	38.0	77	78	79	81	82	83	84	85	86	87	88	90	91	92	93	94	95	96	98
101	38.5	77	79	80	81	82	83	84	86	87	88	89	90	92	93	94	95	96	98	99
102	39.0	78	79	80	82	83	84	85	86	87	89	90	91	92	94	95	96	97	98	100
103	39.5	78	79	81	82	83	84	86	87	89	90	91	92	93	94	96	97	98	99	100
104	40.0	79	80	81	83	84	85	86	88	89	90	91	93	94	95	96	98	99	100	101
105	40.5	79	80	82	83	84	86	87	88	89	91	92	93	95	96	97	99	100	101	102
106	41.0	80	81	82	84	85	86	88	89	90	91	93	94	95	97	98	99	101	102	103
107	41.5	80	81	83	84	85	87	88	89	91	92	94	95	96	98	99	100	102	103	104

注：① 黄色：S 临界热应激；橘色：轻度—中度热应激；红色：中度—严重热应激；紫色：严重热应激。

② 图表来自 Zimbelman 和 Collier，2011。

现在对温湿度指数（THI）的阈值设定在不断降低。

过去将泌乳奶牛可能产生热应激的温湿度指数（THI）设置在 72（Armstrong，1994）。在这个指数环境下，泌乳奶牛进入热应激状态，并且降低干物质采食量和产奶量。

现在将泌乳奶牛产生热应激的温湿度指数（THI）的门槛设置在 68（Zimbelman et al.，2009），产奶量在过去数十年中不断增加。

新的气候的对照研究已经观察到奶牛站立时间不断增加（对热负荷增加的典型行为反应），北京地区泌乳奶牛产生热应激的温湿度指数（THI）的门槛设置在 63（王雅春，2017）。

2016 年国外的一名专家做的一个实验，荷斯坦奶牛的 THI 指数同生产性能的关系，对于泌乳量大于 35 kg 的奶牛，新的 THI 指数是 68（图 2）。

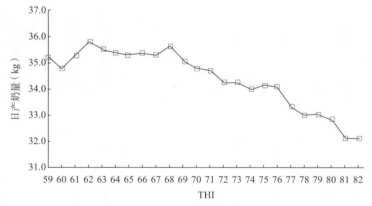

图 2　荷斯坦奶牛的 THI 指数同生产性能的关系

近几年我国北方地区，通过 THI 指数判定热应激的指标有所变化，从确认最低值到致死值都相对降低（表 2）。

表 2　通过 THI 指数判断热应激程度

以前	热应激程度	现在	对应温度（℃）
< 72	无	< 68	< 21
73 ~ 77	轻度	69 ~ 73	21

续表

以前	热应激程度	现在	对应温度（℃）
78 ~ 83	中度	74 ~ 79	25
84 ~ 90	严重	80 ~ 87	29
> 90	致死	> 87	> 29

（三）奶牛热应激预警

1. 直肠温度

根据产后天数、胎次测定直肠温度，夏季产后 1 ~ 50 天及头胎牛对热应激更加敏感（图 3）。

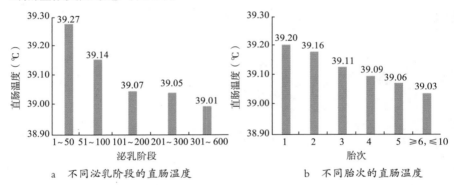

a　不同泌乳阶段的直肠温度　　　　b　不同胎次的直肠温度

图 3　根据产后天数、胎次测定直肠温度

2. 活动量及反刍

夏季奶牛处于热应激状态，活动量显著升高，反刍量、反刍时间明显降低。可根据这一规律进一步指导夏季日粮制作。

3. 舍内温热环境参数预测研究

选择北京市具有典型代表的奶牛场，实测牛舍外、牛舍内、挤奶厅温湿度，并收集附近气象站同期数据，数据收集时间覆盖春夏秋冬四季，共达 382 天，研究能否用气象站温湿度数据来预测奶牛场热环境状况（表 3、表 4）。

表3　不同来源温热环境参数平均值

	样本量（个）	气象站来源	牛舍外实测	牛舍内实测	挤奶厅实测
温度（℃）	382	14.6 ± 11.1^b	14.4 ± 11.2^b	15.4 ± 10.3^{ab}	16.7 ± 8.9^a
相对湿度（%）	382	54.2 ± 19.9^c	56.1 ± 20.2^c	60.4 ± 16.7^b	63.7 ± 15.4^a
THI	382	58.6 ± 15.0^b	58.3 ± 15.3^b	59.8 ± 14.6^{ab}	61.5 ± 13.0^a

表4　气象预报数据预测牛舍内外温度、THI 拟合度

Y	X	N	相关系数 r	回归方程	拟合度 R^2	平均绝对误差
牛舍外温度	气象站温度	382	0.998**	$Y=1.001X-0.215$	0.997	0.42
牛舍内温度	气象站温度	382	0.998**	$Y=0.923X+1.954$	0.996	0.45
挤奶厅温度	气象站温度	382	0.996**	$Y=0.789X+5.210$	0.991	0.66
牛舍外相对湿度	气象站相对湿度	382	0.977**	$Y=0.993X+2.301$	0.955	3.08
牛舍内相对湿度	气象站相对湿度	382	0.975**	$Y=0.818X+16.042$	0.952	2.68
挤奶厅相对湿度	气象站相对湿度	382	0.879**	$Y=0.681X+26.755$	0.772	4.99
牛舍外 THI	气象站 THI	382	0.998**	$Y=1.020X-1.441$	0.996	0.71
牛舍内 THI	气象站 THI	382	0.998**	$Y=0.974X+2.769$	0.995	0.78
挤奶厅 THI	气象站 THI	382	0.991**	$Y=0.857X+11.315$	0.983	1.33

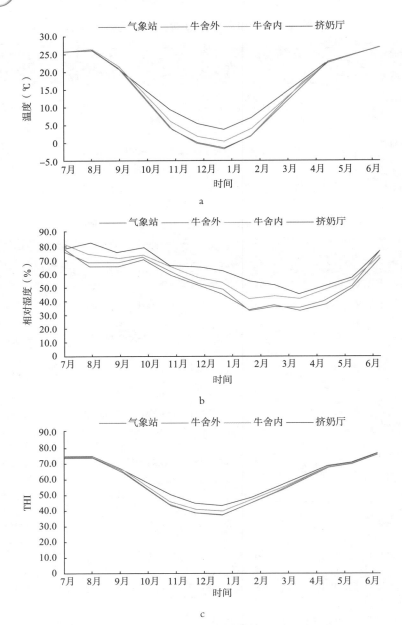

图 4 不同来源温热环境数据随时间变化情况

以上研究结果显示，气象站来源的温度和 THI 值与牛舍内、牛舍外、挤奶厅实测值存在相关关系，能够建立温度、THI 值预测方程。对于预测效果，牛舍内、牛舍外好于挤奶厅，夏季好于冬季。

4. 额头温度和采食量

我们连续采集北京某奶牛场，从适宜热环境到热应激环境 3 个多月基于奶牛的生理、生产性能等数据，拟合数学模型，找出拐点或交点。

从实验结果可知，高、中、低 THI 组的奶牛不同部位体表温度差异极显著（图 5），直肠温度、呼吸频率、额头温度与 THI 高度正相关（表 5）。

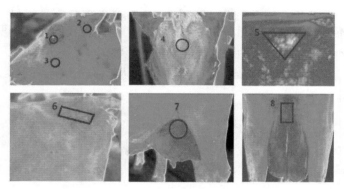

图 5　奶牛体表不同部位红外热图像

（注：1—眼部，2—耳窝，3—脸颊，4—额头，5—侧腹部，6—臀部，7—前乳区，8—后乳区）

表 5　不同部位体表温度与 THI 的相关性

指标	平均温度（℃）			相关系数 r
	高 THI	中 THI	低 THI	
n	198	111	179	488
直肠温度	39.21 ± 0.40^a	38.70 ± 0.28^b	38.57 ± 0.28^c	0.843**
呼吸频率	78.54 ± 16.57^a	56.50 ± 14.35^b	47.89 ± 12.49^c	0.866**
眼部	36.44 ± 0.65^a	36.27 ± 0.49^b	35.65 ± 0.77^c	0.302**
耳窝	35.62 ± 0.84^a	35.07 ± 0.62^b	33.81 ± 1.11^c	0.676**
脸颊	35.47 ± 0.84^a	34.67 ± 0.73^b	33.68 ± 1.09^c	0.653**

续表

指标	平均温度（℃）			相关系数 r
	高 THI	中 THI	低 THI	
额头	33.58 ± 1.00^a	31.87 ± 0.75^b	29.48 ± 1.58^c	0.851**
臀部	35.53 ± 0.99^a	34.98 ± 0.91^b	33.76 ± 1.38^c	0.597**
侧腹部	35.69 ± 0.88^a	35.2 ± 0.75^b	34.02 ± 1.28^c	0.559**
前乳区	36.37 ± 0.97^a	36.27 ± 0.65^a	35.37 ± 1.11^b	0.428**
后乳区	35.85 ± 0.90^a	35.68 ± 0.79^a	35.14 ± 1.17^b	0.270**
牛体	35.64 ± 0.87^a	35.15 ± 0.70^b	33.65 ± 1.49^c	0.726**

如图 6 所示，从采食量、产奶量、乳脂率来看，采食量对温湿度指数最敏感，其次是产奶量，最后是乳脂率。因此，我们可以根据采取额头温度和采食量对应激的敏感程度来进行预警。

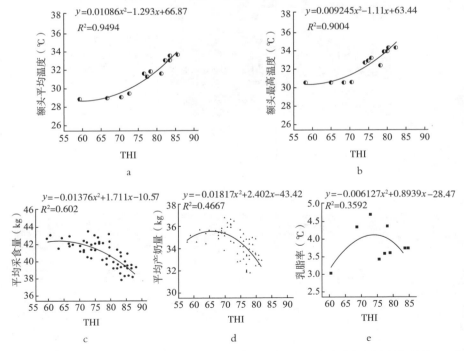

图6 额头平均温度、最高温度，平均采食量、产奶量，乳脂率与 THI 的相关性

二、环境控制精准技术

（一）首农畜牧智能化喷淋控制节水系统

普通控制喷头的日均运行时间为 240 min，采用智能控制的喷头，大部分运行时间为 80 min 左右。以奶牛的采食行为作为触发点，控制单个喷头降温循环的智能喷淋系统，比传统喷淋系统节水 60% 以上，可为牧场节约大量水资源、可显著降低污水处理压力（图 7）。

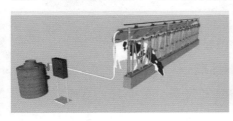 

a

b

图 7　智能化喷淋控制节水系统

1. 牛群生产水平和牛奶品质显著提升

首农畜牧智能化喷淋控制节水系统在暑期进行了推广，据统计每头泌乳奶牛每天可以节水约 100 L。以 2015 年的数字为准，2016—2018 年平均单产提高了 432.1 kg，乳脂率提高 0.2 个百分点，乳蛋白提高了 0.12 个百分点，体细胞数降至 20 万 /mL 以内，细菌总数降至 5 万 cfu/mL 以内。

2. 牛群健康水平显著提高

牛群健康水平显著提高，奶牛乳腺炎发病率降低 2%，临床酮病发病率降低 0.9%，亚临床酮病发病率降低 6.5%。

（二）北京某奶牛养殖场智慧喷淋系统（舍外 + 舍内）

图 8 北京某奶牛养殖场的顶层采用了彩钢材质，在顶层的上方牛舍外和牛舍内分别安装了智慧喷淋系统。牛舍外当气温高于 30 ℃时，牛舍顶棚上方喷淋 5 min，间歇 15 min；牛舍内当环境温度在 24 ~ 30 ℃时，自动喷淋 40 s，风机循环通风 10 min；当牛舍内高于 30 ℃时喷淋 1 min，风机循环通风 5 min。

a   b   c

图 8　北京某奶牛养殖场智慧喷淋系统示例

（三）智慧喷淋系统的风扇管理标准

高度在 2.2 ～ 2.3 m，不碰到牛只和设备。角度与垂直面成 30°，距离 6 m（小于风扇直径 10 倍），风速为远端风速 3 m/s，不低于 2 m/s，均匀无死角，测风仪检测位置在牛只头部自然高度为准。

三、高产泌乳奶牛精准日粮调控与饲喂技术

下面从能量浓度、蛋白质浓度、精粗比、功能性添加剂、饮水量等 5 个方面来介绍日粮精准调控技术。

（一）日粮调控——精粗比

夏季高产奶牛使用最优质的粗饲料，最大限度地提高干物质采食量，如用短纤维饲料来代替品质不佳的草料。使用优质的粗饲料，包括青贮玉米，干物质浓度达到 30% ～ 35%，淀粉含量达到 28% ～ 34%，苜蓿干草单位值达到 22%，燕麦草的 NDF 要小于 55%，水溶性碳水化合物要大于 22%（图 9）。

精粗比	
使用优质粗饲料，最大限度地提高干物质采食量	
<60%，干物质基础 短纤维饲料　品质不佳草料	<15 kg，鲜基 全棉籽　品质不佳草料及精料

图 9　日粮调控——精粗比

（二）日粮调控——粗蛋白含量

粗蛋白的含量要占干物质的 17.0% ～ 18.0%，这时候要适当地增加优质蛋白，非降解蛋白的量要占总蛋白量的 36% ～ 39%（图 10）。

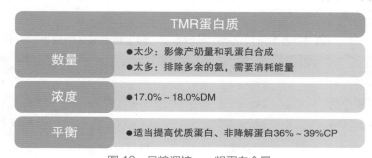

图 10　日粮调控——粗蛋白含量

（三）日粮调控——能量含量

能量水平要达到 1.70 ～ 1.75 Mcal/kg DM，过瘤胃脂肪使用量可以提高每头每天 400 ～ 450 kg，另外，也可以提高快速降解淀粉的使用量（图 11）。

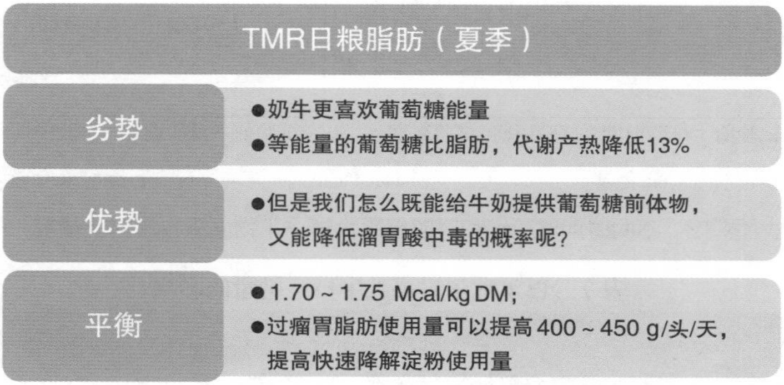

图 11　日粮调控——能量含量

（四）使用功能性添加剂

1. 巴尔吡尔对奶牛生产性能和乳品质的影响

巴尔吡尔富含多种矿物离子、还原糖，试验地点北京，时间是 2016 年，试验组日粮添加巴尔吡尔原液，每头牛每天 40 mL；对照组饲喂常规日粮试验组共 265 头牛，对照组共 268 头牛，两组牛群之间体况接近。试验期 2 个月，前期（7 月 27 日至 8 月 15 日）、中期（8 月 16 日至 9 月 8 日）和末期（9 月 9—27 日）。各个阶段试验牛场的温度、湿度和温湿度指数，如表 6 所示。

表 6　各个阶段试验牛场的温度、湿度和温湿度指数

阶段	温度（℃）	湿度（%）	THI
试验前期	27.9 ± 1.2	77.1 ± 5.8	79.3 ± 1.8
试验中期	24.8 ± 1.6	67.6 ± 11.8	73.5 ± 2.9
试验末期	20.7 ± 2.7	73.8 ± 12.1	67.8 ± 4.2

试验结果表明，试验前期、中期、末期与试验前比，采食量、干物质采食量试验组先显著下降，后完全恢复；而对照组全程显著下降，下降幅度更大，且无法恢复到试验前非应激状态（图 12、表 7）。

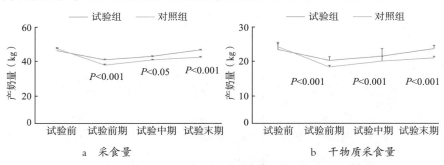

图 12　不同时期试验组和对照组采食量、干物质采食量对比情况

表 7　巴尔吡尔对泌乳牛日产奶量的影响

阶段	产奶量（kg / 天 / 头）		
	试验组	对照组	*P* 值
试验前	22.4 ± 1.9ᵃ	26.5 ± 3.0ᵃ	<0.05
试验前期	19.2 ± 1.8ᶜ	19.9 ± 1.9ᵇ	>0.05
试验中期	20.3 ± 2.8ᶜ	19.3 ± 2.5ᵇ	>0.05
试验末期	21.9 ± 2.1ᵃᵇ	19.8 ± 1.9ᵇ	<0.05

注：*P* 值表示试验组和对照组的显著性差异水平；同列数据上标不同小写字母表示差异显著 *P* <0.05。

图 13 是试验开始前试验组和对照组产奶量分别设置为 100 kg，校正试验前期、试验中期和末期的产奶量绘制而成。

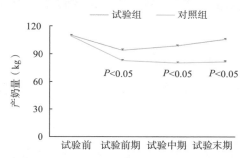

图 13 不同时期试验组和对照组产奶量对比

2. 虫草欣康使用效果

在北京密云某奶牛养殖场，进行虫草欣康的使用效果试验。试验时间是 2017 年 9 月 20 日至 11 月 27 日，试验材料是虫草源真菌饲料添加剂——地顶孢霉培养物（商品名：虫草欣康），试验目的是验证虫草欣康在北方地区（以北京为主）对泌乳期奶牛生产性能、乳品质、抗应激效果及经济适用性。添加量是每头牛每天 30 g，试验数量是试验组 90 头、对照组 90 头。

试验结果表明，虫草欣康对于提高奶牛采食量、乳中乳蛋白含量及降低乳中体细胞数具有显著效果；虫草欣康对奶牛产奶量、乳中乳糖含量、乳非固形物含量具有一定的提高或缓解下降作用；虫草欣康在改善奶牛肠道健康指标（D-乳酸、二胺氧化酶）、机体健康指标（内毒素）、免疫功能指标（IgA）方面具有一定作用（表 8）。

表 8 虫草欣康活性成分

活性成分	生理作用与功能
虫草素	虫草素又称虫草菌素，也是第一个从真菌中分离出来的核苷类物质，分子式为 $C_{10}H_{13}N_5O_3$，具有抗菌、抗病毒、免疫调节、清除自由基等多种药理作用（王成明 等，2009）
虫草酸	即 D-甘露醇，具有镇静、抗惊厥、抑制各种病菌成长的作用

活性成分	生理作用与功能
虫草多糖	国际公认的免疫调节剂。虫草多糖能促激活吞噬细胞，提高血清免疫球蛋白（IgG）含量，调节免疫力及内分泌，增强机体对各种病菌、病毒、真菌及寄生虫的免疫力
腺苷	生理活性广泛，具有促进机体成长、增强机体免疫的作用
r-氨基丁酸	为抑制性神经递质，具有促生长、抗应激等多重作用
甾醇	主要以麦角甾为主，能增强机体抗病能力，是形成维生素 D 的主要成分，调节机体钙、磷代谢，促进骨组织生长，促进营养物质吸收，促进动物生长
肽类化合物	一种参与免疫的小分子多肽，具有广谱抗菌活性，构成宿主防御细菌、真菌等入侵的主要分子屏障

3. 添加酵母

从下面首农畜牧试验结果来看，酵母培养物对奶牛的产量增加效果比较明显（表9）。

表9　不同酵母培养物对奶牛产奶量的影响

单位：kg/ 天

分组	预饲期	试验期	差值（试验期—预饲期）
对照组	36.48 ± 5.41	35.19 ± 6.28	−1.29
试验 A 组	35.89 ± 5.39	35.51 ± 3.06	−0.38
试验 B 组	35.90 ± 3.54	35.34 ± 4.50	−0.56
试验 C 组	35.68 ± 4.4	34.73 ± 4.28	−0.95
试验 D 组	36.09 ± 3.79	35.44 ± 4.45	−0.65

4. 丝兰提取物对营养物质消化率的影响

丝兰提取物分别添加 0 个、100 个和 200 个 TPM，从实验的结果来看总蛋白质 NDF、ADF 它的消化率不断提高 100 PPM 和 200 PPM 的值来看对脂肪酸对 ADF 它的消化率对提高变化更为显著。

5. 案例分析

案例 1：安徽某牛场

对牛舍环境进行调控，在牛舍安装喷淋、板式风机，在卧床上安装赛可龙风机，在赶牛通道上安装喷淋、板式风机，在待挤区安装板式风机、喷淋，在奶厅上方安装赛可龙风机（图 14 至图 17）。

图 14　牛舍安装喷淋、板式风机，卧床上方安装赛可龙风机

图 15　赶牛通道安装喷淋、板式风机

图 16　待挤区安装板式风机、喷淋

图 17　奶厅上方安装赛可龙风机

对日粮营养方面进行调控，增加优质干草，适量减少玉米青贮，促进采食量；增加玉米粉，使用优质过瘤胃蛋白，增加优质短纤维，减少瘤胃产热；通过提高配方蛋白、能量水平，使用过瘤胃脂肪来提高配方浓度；对日粮矿物质调整，增加钙、钾、钠含量（表 10）。

表 10　安徽某牧场热应激期间日粮配方调整

单位：kg

原料	调整前	调整后
进口苜蓿	5.5	4.0
进口燕麦	—	0.7
玉米压片	5.0	3.1
玉米粉	3.1	4.0

续表

原料	调整前	调整后
甜菜粕	2.0	2.5
豆粕	3.2	2.4
玉米蛋白粉	—	0.5
棉籽	2.0	2.5
过瘤胃脂肪	0.2	0.3

　　从试验效果来看，牧场 2017—2019 年应激期间 6—10 月奶牛的单产不断提高，增加比较明显。从成年母牛的受胎率来看，2017—2019 年它的应激期间受胎率也是不断提高的，幅度在 10% ~ 15%（图 18）。

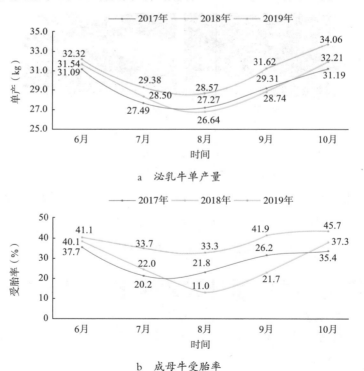

a　泌乳牛单产量

b　成母牛受胎率

图 18　2017—2019 年泌乳牛单产量、成母牛受胎率随时间变化情况

案例 2：北京某牛场

北京某牛场调整的策略跟案例 1 中牧场的思路一样，也是对日粮配方进行调整。最后得出结果，调整前牛舍的有效温度平均是 20 ℃，调整后牛舍的温度预计是 26 ℃。调整前牛奶的平均产量是 40 kg，平均乳脂率是 3.8。调整后牛奶平均产量是 38 kg，乳脂率是 3.6（表 11）。

表 11　北京某牧场热应激期间配方调整

单位：kg/ 天 / 头

原料	调整前	调整后
进口苜蓿	3	2
进口燕麦	—	1
玉米压片	7.0	3.5
玉米粉	—	3
膨化大豆	0.5	1.2
豆粕	4.3	3.6
糖蜜豆皮	1.3	1.5
全棉籽	1.5	1.8
脂肪粉	0.4	0.2
脂肪酸钙	—	0.2
青贮玉米	20	20
啤酒糟	4	4
小苏打	0.2	0.2
泌乳牛舍平均温度（℃）	20	26
日均牛奶产量（kg）和乳脂率（%）	40/3.8	38/3.6（预估值）

6. 饮水量

热应激条件下，不同的产奶水平奶牛的饮水量是不一样的，随着气温的升高，应激的产生量也不断升高，随着产奶量的不断升高，奶牛的饮水量也是不断升高的，具体数据权重，如表 12 所示。

表 12　热应激条件下不同产奶水平奶牛饮水量

单位：kg

饮水量（kg/ 天 / 头）	气温 4.5 ℃	气温 15.5 ℃	气温 26.7 ℃
干奶牛—体重 630 kg	37	45	61

续表

饮水量（kg/ 天 / 头）	气温 4.5 ℃	气温 15.5 ℃	气温 26.7 ℃
泌乳牛—产奶 27 kg	82	90	93
泌乳牛—产奶 36 kg	101	120	146
泌乳牛—产奶 45 kg	120	140	172

另外美国的科学家做了一个耗水量与体温和呼吸频率下降的关系试验，当用水量的温度在 16 ℃和 22 ℃时，体温分别下降 0.57 ℃和 0.59 ℃，同时呼吸频率分别下降 15.3 ℃和 12.3 ℃，下降幅度明显（表 13）。

表 13　耗水量与体温和呼吸频率下降

	10 ℃	16 ℃	22 ℃	28 ℃
用水量（kg）	24.8[a]	26.2[a]	35.0[b]	26.8[a]
体温下降（℃）	0.75[a]	0.57[ab]	0.59[ab]	0.47[b]
呼吸频率下降（次 /min）	15.8[a]	15.3[a]	12.3[ab]	7.6[b]

注：a b 表示字母不同者差异水平不同（$P < 0.05$）。

还有一个是在 2010 年做的实验，饮水次数和使用水槽的奶牛百分比与 THI 环境温度和相对湿度之间的相关性，实验结果表明随着 THI 值的增加，喝水的母牛比例及饮水次数增加。但是，据观察当 THI 达到紧急值（THI > 82）时，饮水次数减少。在此期间，奶牛聚集在水槽周围喘气，没有离开自己的位置，并且观察到其他活动减少，如吃饭和散步（表 14）。

表 14　饮水次数和使用水槽的奶牛百分比与 THI、环境温度和相对湿度之间的相关性

	温度湿度指数	温度	相对湿度
奶牛饮水次数	0.510*	0.507*	-0.455*
使用水槽的奶牛百分比	0.431*	0.380*	-0.311*

注：* 代表在 0.05 水平（双侧）上相关。

最后总结在饮水时需要注意的事项：第一，冷水（低于 15 ℃）可以帮助奶牛散发体热，增加少量的奶，但是冷却水的成本太高；第二，牛比较喜欢喝 17 ～ 26 ℃温水，我们建议在 18 ℃最好；第三，每头牛的直线饮水距离为 9 cm；第四，每个圈至少安装 2 个水槽；第五，在奶牛离开奶厅以后提供清洁饮水。

7. 遮阴

遮阴可以有效降低热辐射，表 15 就表明了夏季遮阴对奶牛生产性能的影响。产奶量增加了 1.6 kg，每天乳蛋白也适量增加了，非脂固形物也增加了，同时乳腺炎的发病数从由 19 天变为 9 天，可见遮阴对奶牛的健康非常重要。

表 15　夏季遮阴对奶牛产奶性能的影响

指标	无遮阴	遮阴
奶牛头数	59	57
产奶量（kg/ 天）	15	16.6
乳脂率（%）	3.69	3.69
乳蛋白率（%）	3.29	3.37
非脂固形物（%）	8.69	8.86
乳腺炎发病数（例）	19	9

这里还给大家提供了奶牛场遮雨棚建造的一些标准，使用能提供整块的阴凉或 > 90% 阴凉的材料。在遮雨棚底下 15 m 的范围内，尽量减少障碍物（会阻止空气进入）。采用开放式饲养模式，4.5 ～ 5.0 m²/ 头牛，6 ～ 10 m 宽，3.5 ～ 5.0 m 高。长轴方向为由北至南，能让太阳干燥遮雨棚下面的土地（图 19）。

a　　　　　　　　　　　　b

图 19　奶牛场遮雨棚的搭建

8.其他精准饲喂技术

第一，可以改变饲喂时间。第二，增加推料和投料次数。例如，北京地区可以从目前3次投料变为4次投料。第三，青贮饲料和啤酒糟等要新鲜饲喂，防止二次发酵。

四、问题解答

（一）如何防止奶牛胃胀气？

答：奶牛胃胀气的主要原因是饲喂的过程当中精饲料过多，粗饲料过少，我们建议每生产2.5 kg的牛奶添加1 kg精料，在粗饲料质量一般的情况下我们建议每生产3 kg的牛奶增加精料1 kg。

（二）农户朋友想养奶牛，请问投入高吗？

答：目前在疫情期间，北京市的奶牛业效益也受到了一定程度的影响，但是还在可控范围之内。农户朋友如果在北京地区养殖，需要一定的资金投入，大概100万～500万元，因为养奶牛的规模要达到2000头才比较好。但北京地区及京津地区对环保要求比较严格，所以建设奶牛场的时候要考虑到环保设施的投资。从目前来看，购买奶牛的价格可能比较合理。但是要从可持续发展的角度来看，养殖场的规模、技术都会影响到价值的效率。我们建议你可以咨询我们的团队，我们有30多位专家可以给你提供一些标准服务。

（三）在农家圈养奶牛需要注意什么问题？

答：最大的问题是要防止奶牛共患疾病，如结核病及重大传染病。农户养牛还要注意废物资源化利用，最好采取种养结合的方式。再有就是要增加优质粗饲料的饲喂，如青贮玉米等，使奶牛的瘤胃保持健康稳定。

（四）产后犊牛什么时候分离比较合适？

答：在北京地区，一般在产后，吃完初乳以后3～7天就可以分离。但是有的情况也不一样，不能千篇一律，但还是建议越早分开越好。

（五）奶牛得了乳腺炎其产的牛奶还能要吗？

答：按照乳品企业的收购标准，得了乳腺炎的牛奶是不能收购的。

北京市小麦高质高效栽培技术

● 专家介绍

周吉红，北京市农业技术推广站粮食作物科推广研究员，承担部市级科技项目 20 余项，针对京郊小麦生产中存在的问题开展了品种选育筛选、栽培技术研究与示范推广工作，选育审定优质小麦品种 2 个，筛选主推新品种 4 个，完善了京郊小麦高产栽培技术规程，并实现了关键环节指标化，累计推广 300 余万亩，为农户增产粮食 7500 万 kg，增收 1.5 亿元。首次引进并开展了油用冬油菜在北京地区的适应性研究工作，筛选出适宜京郊种植的冬油菜品种 5 个，制定了北京市地方标准《冬油菜栽培技术地方标准》(DB11/T923—2012)，累计推广 10 万多亩，为北京市裸露农田治理和提升农田景观增加了新的作物类型。培训技术人员、全科推广员和农民 3000 余人次，到田到户指导农民 2300 余人次。

获得科技奖励 7 项，其中，全国农牧渔业丰收奖一等奖 2 项，中华农业科技奖一等奖 1 项，北京市农业技术推广奖一等奖 1 项、二等奖 2 项，省级科学技术进步奖一等奖 1 项。申请国家专利 5 项。撰写书籍 10 部，主编 2 本，作为副主编参编 2 本。发表论文 20 篇，以第一作者身份发表 15 篇。

课程视频二维码

　　小麦是中国最重要的口粮之一，小麦产业发展直接关系到国家粮食安全和社会稳定。北京、天津、河北的北部都属于北部冬麦区，不同的地区环境对小麦种植的要求不一样。原来是"三分种，七分管"，现在是"七分种，三分管"。本文从规范化播种、轻简化管理、高质量繁种3个方面阐述北京市小麦高质高效栽培技术。

一、规范化播种技术

（一）良种准备

　　首先要选好品种，北京地区是冬小麦种植边缘区，品种选择不当，会造成越冬时旱寒交加死苗死茎的发生，北京地区提倡选择节水、抗寒的优质品种。

　　1. 节水优质品种

　　① 农大 212，京审麦 2010003。该品种冬性，中熟，株高 75 cm，长芒、白壳、红粒，千粒重 39.9 g。北京地区节水区域试验亩产 379.6 kg，比对照京冬 8 号平均增产 7.2%。适宜在北京地区中上等肥力地块进行节水或高水肥种植（图 1）。

　　② 轮选 117，京审麦 20180007。该品种冬性，中熟，株高 73.1 cm，长芒、白壳、白粒，节水栽培，亩产 400 ~ 450 kg，适宜在北京地区中上等肥力地块种植（图 2）。

　　③ 中麦 1062，国审麦 2016028。该品种冬性、株高 73.2 cm，长芒、白壳、红粒，亩穗数 47.5 万穗，穗粒数 30.3 粒，千粒重 39.0 g，亩产 501.2 kg，面团稳定时间 8.3 min，属优质小麦品种。适宜北部冬麦区的北京、天津、河北中北部、山西北部冬麦区中等以上肥力有水浇条件的地块种植（图 3）。

图 1　农大 212　　　　　图 2　轮选 117　　　　　图 3　中麦 1062

2. 高质量种子

种子质量的好坏直接影响到出苗的整齐度和壮弱，农户要从正规的种子公司选择达到国家质量标准的种子。不同的种子质量对小麦发育和产量有很大影响，用不同孔径大小的目筛，把种子分成大、中、小三级进行实验。

① 不同级别种子千粒重、发芽率、出苗率有很大差异，大于 6 目的种子千粒重较高，发芽率和出苗率也都比较高（表 1）。

表 1　不同级别种子对芽率、出苗率和千粒重的影响

筛子	处理	发芽率（%）	出苗率（%）	千粒重（g）
< 6 目	大粒	88.3	80.8	39.8
6 ~ 8 目	中粒	87.3	75.2	32.4
8 目	小粒	83.7	71.3	19.6
不筛选	不分级	84.3	73.0	26.5

大于 6 目的种子由于内含物比较多，因此田间出苗齐，也长得较壮（图 4）。

a　　　　　　　　　　b　　　　　　　　　　c

图 4　大于 6 目的种子出苗情况

② 不同级别的种子对产量也有很大的影响，分析表明，不同级别种子冬前分蘖数量不同，导致亩穗数差异显著，最终影响产量，对粒数和粒重影响不大，小粒种子平均较大粒和中粒种子减产 5.9%（表 2）。

表2 不同级别种子对产量的影响

处理	亩穗数（万穗）	穗粒数（粒）	千粒重（g）	亩产（kg）
大粒	61.1a	27.4a	38.5a	547.8a
中粒	61.8a	27.3a	38.8a	555.1a
CK	59.0b	27.2a	39.1a	532.7b
小粒	57.6c	27.0a	39.4a	519.1c

从表2得出结论，不同大小的种子营养含量不同，造成苗期供给小麦生长养分不同，小粒种子营养少，冬前发育较慢，分蘖生长量偏小，单株干物质积累少，最终造成成穗数偏低、产量降低，生产上要重视小麦种子质量，尽可能利用大小均匀的高质量种子，以保证足够群体获得高产。

3. 播前拌种

为预防土传、种传病害及地下害虫，可以使用杀虫剂、杀菌剂及生长调节包衣或拌种，起到"一拌"综合防治的效果（图5）。

a   b

图5 包衣拌种

为了防治蛴螬、蝼蛄、金针虫等地下害虫、苗期蚜虫和散黑穗病、白粉病等病虫害，在播种前用50%的辛硫磷乳油或50%的二嗪农乳油按种子重量的0.2%拌种防治地下害虫。用70%的吡虫啉湿拌剂按小麦种子重量的0.1%拌种防治苗期蚜虫。用多菌灵可湿性粉剂按种子重量的0.2%拌种；或用2%的立克秀干拌剂、20%的粉锈宁乳油按种子重量的0.1%拌种；或用12.5%的特普唑可湿性粉剂按种子重量的0.25%

拌种，可起到预防锈病、白粉病等真菌性病害的作用。拌种时可将植物生长调节剂一并使用拌种，提高小麦发芽势、发芽率和出苗率，培育壮苗，拌种后堆闷 4 ~ 6 小时即可播种，堆放时间过长会影响发芽率。

（二）精细整地

1. 整地环节应该注意问题

（1）秸秆粉碎不细、铺撒不均匀

要求机收玉米随收随粉碎秸秆，然后再用秸秆粉碎机进行二次粉碎，将秸秆粉碎至长度 3 ~ 5 cm，细碎柔软，铺撒均匀（图 6、图 7）。

a   b

图 6 秸秆一次粉碎效果   图 7 秸秆二次粉碎效果

从图 8、图 9 可以看出，河北的特点是作业精细，地整得好，特别是地上部的秸秆粉碎得非常到位。河北作业的机械动力足，用的是100 ~ 120 马力的拖拉机带动的，另外机械行走的速度较慢。北京存在的问题是机械行走速度快，作业数量多，但是质量并没有保证，因此，造成了秸秆粉碎不细、铺撒不均匀。

图 8 北京秸秆粉碎情况   图 9 河北秸秆粉碎情况

（2）旋耕深度不够

旋耕作业要求旋耕深度超过 15 cm，土壤与秸秆充分混合，地表平整。

形成旋耕深度不够的原因是旋耕刀型号不对，如长度不足、刀的分布不合适、刀长度不够、磨损严重等，土壤与秸秆混合不充分，旋耕作业时拖拉机行走速度过快。河北地区的旋耕作业，旋耕后松土层达 20 cm 以上；秸秆与土壤混合均匀；地表平整，有利于播种（图 10）。

a　　　　　　　　　　　　b

图 10　河北旋耕效果

2. 适宜的整地方式

2014 年在北京不同区域和地块做高产创建试验，其中 20 个高产点有 6 个点实施了重耙 + 翻耕 + 轻耙的整地方式，产量最高为 473.7 kg。6 个点采取了重耙 + 翻耕 + 旋耕的整地方式，亩产也超过了 450 kg；没有实施翻耕作业的地块产量较低，平均较前两种整地方式减产 8.7%，这主要是由于不翻耕的地块亩穗数平均较前两种整地方式降低 7.7 万穗所致（表 3）。

表 3　2014 年高产点不同整地方式下的产量结果对比

耕作方式	点数	面积（亩）	亩穗数（万穗）	穗粒数（粒）	千粒重（g）	亩产（kg）	产量比较（%）
重耙 + 翻耕 + 轻耙	6	1981	56.2	29.2	34.3	473.7	100.0
重耙 + 翻耕 + 旋耕	6	1600	50.6	28.1	35.1	455.2	96.1

续表

耕作方式	点数	面积（亩）	亩穗数（万穗）	穗粒数（粒）	千粒重（g）	亩产（kg）	产量比较（%）
翻耕 + 旋耕	1	280	52.4	27.2	35.0	424.4	89.6
翻耕 + 轻耙	1	600	52.6	25.0	32.0	420.9	88.9
重耙 + 旋耕	5	2700	44.6	29.9	35.4	420.7	88.7
旋耕 2 次	1	150	45.9	29.6	38.1	410.7	86.7
合计 / 平均	20	7311	50.0	28.8	34.8	443.3	93.6

（1）秸秆含量变化分析

试验结果表明，不同地块需要采取不同的整地方式。主要是由于土壤秸秆含量、含水量、土壤容重（土壤紧实度）不同，造成播种深度、出苗后的苗带宽、缺苗断垄和群体不一样，进而造成产量差异。

从表4得出结论，一是两种地块条件下，秸秆主要集中在地表0～10 cm的土壤里。二是实施了翻耕的3个处理各土层秸秆分布较均匀，但旋耕2次和深松 + 旋耕的处理0～10 cm的土壤里秸秆含量明显偏多，占整个耕层的66%～74%，特别是0～5 cm的表层土壤里秸秆量占全部耕层的1/3以上，由于表层秸秆过多，不利于播种和小麦发芽出苗。

表4　不同整地方式下不同土壤深度秸秆所占比例

单位：%

地块类型	处理	0～5 cm	5～10 cm	10～15 cm	15～20 cm
青贮地	重耙 + 翻耕 + 旋耕（CK）	27.8	28.9	22.2	21.1
	翻耕 + 重耙	34.8	28.3	16.8	20.1
	翻耕 + 旋耕	27.1	25.1	24.0	23.8
	深松 + 旋耕	34.7	31.4	26.5	7.4
	旋耕 2 次	35.3	31.4	26.9	6.4
	平均	31.9	29.0	23.3	15.8

续表

地块类型	处理	0 ~ 5 cm	5 ~ 10 cm	10 ~ 15 cm	15 ~ 20 cm
秸秆地	重耙 + 翻耕 + 旋耕（CK）	26.0	25.6	24.4	24.0
	翻耕 + 重耙	36.3	26.7	23.6	13.4
	翻耕 + 旋耕	33.8	28.8	19.4	18.0
	深松 + 旋耕	36.0	32.7	25.9	5.4
	旋耕 2 次	37.1	36.8	21.2	4.9
	平均	33.8	30.1	22.9	13.2

从图 11 可以看出前茬籽粒玉米地秸秆比较多，明显缺苗断垄比较严重。图 12 前茬是青贮玉米地，出苗比较整齐。

a　　　　　　　　　　　　　　　　b

图 11　前茬籽粒玉米地

a　　　　　　　　　　　　　　　　b

图 12　前茬青贮玉米地

（2）不同整地方式土壤含水量分析

从表 5 得出结论，各处理下土壤含水量均随着取土深度的增加呈增加趋势，两种地块条件下 0 ~ 5 cm 土壤含水量较低，籽粒玉米地块少于青贮地块；各处理同一取土深度下，土壤含水量差异不显著。

表5 不同整地方式下不同土层土壤绝对含水量

单位：%

地块类型	处理	0 ~ 5 cm	5 ~ 10 cm	10 ~ 15 cm	15 ~ 20 cm
青贮地	重耙+翻耕+旋耕（CK）	5.6	10.5	11.1	11.4
	翻耕+重耙	5.5	10.7	11.5	14.6
	翻耕+旋耕	6.2	10.4	10.8	11.3
	深松+旋耕	7.8	10.1	10.8	11.4
	旋耕2次	6.9	11.4	11.2	11.6
	平均	6.4	10.6	11.1	12.0
秸秆地	重耙+翻耕+旋耕（CK）	4.7	8.7	10.7	12.1
	翻耕+重耙	5.0	8.4	10.3	11.0
	翻耕+旋耕	4.4	8.9	10	10.3
	深松+旋耕	4.0	8.0	11.7	12.0
	旋耕2次	4.1	9.7	11.7	12.1
	平均	4.4	8.7	10.9	11.5

（3）不同整地方式对土壤容重的影响

从表6得出结论，前茬为青贮玉米的地块各层土壤容重值均高于秸秆地；两种地块土壤容重均随土层深度的增加而增加；不同整地方式土壤容重随耕层的变化规律不同。以秸秆还田为例，翻耕的3个处理土壤容重随深度变化较小，每增加5 cm，容重增加约0.1 g/cm³，但旋耕2次的处理以10 cm土层为界，0 ~ 10 cm容重在0.8 ~ 1.1 g/cm³，但10 cm以下迅速增加到1.5 ~ 1.7 g/cm³，说明翻耕的整地方式整个耕层土壤分布较均匀，而旋耕的整地方式旋耕深度不够，10 cm以下土壤仍然紧实，不利于小麦根系下扎。

表6　不同整地方式下不同土壤深度的土壤容重

单位：g/cm^3

地块类型	处理	0 ~ 5 cm	5 ~ 10 cm	10 ~ 15 cm	15 ~ 20 cm
青贮地	重耙+翻耕+旋耕（CK）	1.15	1.49	1.59	1.61
	翻耕 + 重耙	1.00	1.45	1.62	1.70
	翻耕 + 旋耕	1.21	1.26	1.27	1.34
	深松 + 旋耕	1.29	1.44	1.51	1.58
	旋耕 2 次	1.23	1.63	1.66	1.71
	平均	1.17	1.45	1.53	1.59
秸秆地	重耙+翻耕+旋耕（CK）	0.94	1.08	1.14	1.30
	翻耕 + 重耙	0.95	1.10	1.17	1.36
	翻耕 + 旋耕	0.85	1.12	1.15	1.22
	深松 + 旋耕	0.88	1.24	1.42	1.52
	旋耕 2 次	0.83	1.13	1.54	1.69
	平均	0.89	1.13	1.28	1.42

（4）不同整地方式对播种深度的影响

从图 13 得出结论，播种深度分析表明，青贮地各处理播种深度较均匀，平均为 3.35 cm，各处理在 3.00 ~ 3.88 cm，均在适宜播种深度范围内；秸秆地播种深度差异较大，在 2.48 ~ 3.02 cm，平均为 2.78 cm，偏浅。翻耕 + 重耙的处理播种深度为 3.02 cm 在适宜播种深度范围内，其余处理均偏浅。说明同样的农机、同样的目标播种深度操作下，籽粒玉米地播种深度较青贮地浅，这与籽粒玉米地本身秸秆多及整地方式有关，不实施翻地的整地方式，地上部秸秆较多，不利于适深播种。

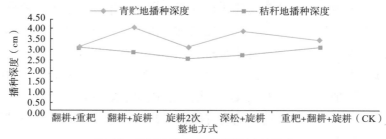

图 13　不同整地方式对播种深度的影响

（5）不同整地方式对出苗质量的影响——青贮地缺苗断垄分析

从表7得出结论，5种整地方式下，缺苗断垄较严重的是旋耕2次和深松＋旋耕的处理方式，2 m样段内平均缺苗断垄总长分别为83.1 cm和61.2 cm，占2 m样段的比例分别为41.6%和30.6%，以重耙＋翻耕＋旋耕（CK）的处理缺苗断垄最轻，平均缺苗断垄长度占2 m样段的比例为14.9%。

表7 青贮地缺苗断垄调查结果

处理	缺苗点数	断垄点数	缺苗长度（cm）	断垄长度（cm）	2 m样段平均缺苗断垄总长（cm）	占2 m样段的比例（%）
重耙＋翻耕＋旋耕（CK）	3.8	0.3	26.2	3.5	29.7	14.9
翻耕＋重耙	4.3	1.5	31.3	19.5	50.8	25.4
翻耕＋旋耕	4.8	1.0	36.2	16.4	52.6	26.3
旋耕2次	5.2	3.5	39.0	44.1	83.1	41.6
深松＋旋耕	4.3	1.9	31.2	30.0	61.2	30.6
平均	4.5	1.6	32.8	22.7	55.5	27.7

（6）不同整地方式对出苗质量的影响——秸秆地缺苗断垄分析

从表8得出结论，5种整地方式平均缺苗断垄的比例为38.3%，比青贮地高出10.6个百分点，其中深松＋旋耕的处理方式缺苗断垄最严重，缺苗断垄比例达到55.5%，其次为旋耕2次的处理，达到41.6%。以重耙＋翻耕＋旋耕（CK）的处理方式缺苗断垄少，但也有25.1%。

表8 不同整地方式对缺苗断垄的影响

处理	缺苗点数	断垄点数	平均缺苗长度（cm）	平均断垄长度（cm）	2 m样段平均缺苗断垄总长（cm）	占2 m样段的比例（%）
重耙＋翻耕＋旋耕（CK）	6.8	0.4	45.7	4.4	50.1	25.1
翻耕＋旋耕	4.3	2.6	30.9	28.2	59.1	29.5
翻耕＋重耙	5.1	2.7	38.3	41.8	80.1	40.0
旋耕2次	4.1	3.2	31.7	51.5	83.2	41.6

续表

处理	缺苗点数	断垄点数	平均缺苗长度（cm）	平均断垄长度（cm）	2 m 样段平均缺苗断垄总长（cm）	占 2 m 样段的比例（%）
深松＋旋耕	6.0	3.3	45.6	65.3	110.9	55.5
平均	5.3	2.4	38.4	38.2	76.6	38.3

（7）不同整地方式对产量的影响

从表 9 得出结论，一是青贮地各整地方式平均较籽粒玉米秸秆还田地块增产 33.6 kg/亩，增幅达 9.9%。二是两种地块，产量最高的均为重耙＋翻耕＋旋耕（CK）的处理；旋耕 2 次的处理最差，比重耙＋翻耕＋旋耕（CK）减产 25% 左右。三是两种地块，带翻耕的 3 个处理平均较未翻耕的 2 个处理增产 47.7 ~ 66.5 kg/亩，增幅达到 15.4% ~ 20.0%。因此，在高产地块推荐使用翻耕方式。

表 9 不同整地方式对小麦产量的影响

地块类型	处理	亩穗数（万穗）	穗粒数（粒）	千粒重（g）	亩产（kg）	产量减少（%）
秸秆地	重耙＋翻耕＋旋耕（CK）	41.7	26.3	33.8	367.5aA	—
	翻耕＋旋耕	40.3	26.1	34.4	360.9aA	1.8
	翻耕＋重耙	37.7	27.3	33.75	343.8aA	6.4
	深松＋旋耕	33.9	29.2	34.9	342.1aA	6.9
	旋耕 2 次	25.6	29.4	35.5	277.4bB	24.5
	平均	35.8	27.7	34.5	338.3	—
青贮地	重耙＋翻耕＋旋耕（CK）	39.6	32.7	33.7	432.6aA	—
	翻耕＋重耙	40.5	27.5	34.7	382.3bB	11.6
	翻耕＋旋耕	37.5	31.2	32.8	380.7bB	12
	深松＋旋耕	36.7	27.4	34.4	341.4cC	21.1
	旋耕 2 次	36.7	27.3	32.5	322.7cC	25.4
	平均	38.2	29.2	33.6	371.9	—

注：小写字母表示 5% 水平差异显著，大写字母表示 1% 水平差异显著。

3. 整地方式推荐

根据近几年全市高产示范点统计及以上试验研究结果表明，亩产 450 kg 以上的高产田应采用以下整地方式。

① 前茬是青贮玉米的地块整地可采取重耙 + 旋耕（轻耙）的整地方式，最好采用重耙 + 翻耕 + 旋耕（轻耙）的整地方式，最后环节是旋耕的要进行镇压。

② 前茬是籽粒玉米的秸秆地以重耙 + 翻耕 + 旋耕（轻耙）的整地方式最好，若秸秆粉碎质量较好，也可采用翻耕 + 轻耙（旋耕）的整地方式，最后环节是旋耕的要进行镇压。

4. 整地作业质量要求

圆盘耙重耙主要是为了切碎根茬、破碎土块、疏松土壤，重耙深度要达到 15 ~ 20 cm；翻耕主要是为了打破犁底层、混匀秸秆、疏松土壤，翻耕深度要在 25 cm 及以上；轻耙（对角耙）耙地，可做到疏松平整细碎土壤的效果，有轻耙机械的地区耕后可采用轻耙的整地方式；旋耕是为了进一步破碎土块、平整疏松土壤，旋耕深度要在 15 cm 以上。注意整地最后环节是旋耕的要实施镇压，主要是为了沉实土壤，保证播种深度一致，镇压效果以不陷脚为好。

（三）精细播种

1. 适期播种

从表 10 得出结论，一是近几年积温接近常年。二是近 8 年小麦生育期稳定在 260 天左右。三是小麦晚播导致下茬晚种，上下两茬恶性循环。四是小麦晚收一天夏玉米积温减少 25 ~ 30 ℃。五是适期播种可以使小麦个体发育健壮（图 14）。

表 10　2005—2012 年小麦播种期与成熟期、生育期和积温的关系

年份	播种期	生育期（天）	积温（℃·天）
2005—2006	9 月 30 日	262	2294.0
2006—2007	10 月 3 日	257	2325.5
2007—2008	10 月 1 日	262	2242.3

续表

年份	播种期	生育期（天）	积温（℃·天）
2008—2009	10 月 4 日	260	2246.0
2009—2010	10 月 5 日	260	1970.7
2010—2011	10 月 3 日	261	2256.0
2011—2012	10 月 4 日	260	2274.3
2012—2013	10 月 6 日	260	2093.4

图 14　适期播种小麦发育健壮

随着播期的推迟，小麦的分蘖数量越来越少。所以要适期播种，以使小麦个体发育健壮（图 15）。

图 15　不同播育期下个体发育

2. 适量播种

从图 16、图 17 可以看出，最佳播期为 9 月底，最佳密度为亩基本苗 28 万。适宜播期在 9 月 25 日至 10 月 5 日，亩基本苗 25 万 ~ 36 万。随播期推迟产量下降，增加播量不能完全弥补。适宜播期比 20 世纪 90 年代推迟了 4 天左右。式（1）是不同播期亩播量的计算方法。

$$\text{亩播量（kg/亩）}=\frac{\text{基本苗（万/亩）}\times\text{千粒重（g）}}{\text{发芽率（\%）}\times 0.8}/100 \qquad (1)$$

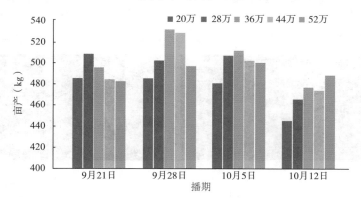

图 16　播期播量耦合对小麦产量的影响

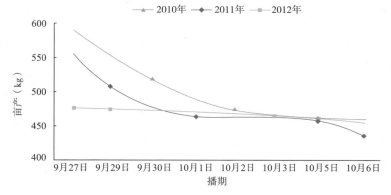

图 17　播期推迟对窦店小麦产量的影响

3. 适深播种

小麦适宜播种深度为 3 ~ 5 cm。播种过深营养消耗太大易造成一蘖缺位、弱苗或窝苗（图18）。播种过浅，冬季分蘖节容易受干旱和寒冷影响造成死苗死茎（图19）。

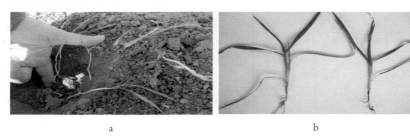

a   b

图18 播种过深造成出苗难及一蘖缺位

a   b

图19 播种浅造成死苗

由图20可以看出，播种深度在3.5 ～ 5.0 cm，基本苗、田间出苗率、亩穗数及亩产都较高。实验结果表明，一是最佳播种深度为4.0 ～ 4.5 cm，二是达不到适深播种会减产15% ～ 45%。

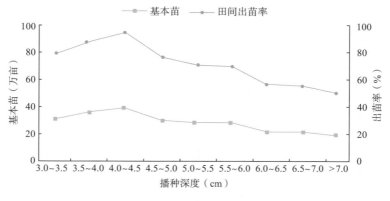

a

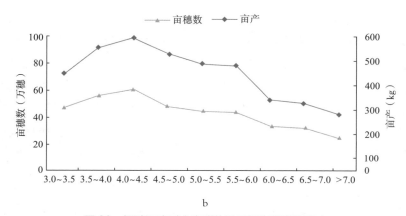

图 20 播种深度对小麦群体及田间出苗率的影响

4. 均匀播种

小麦要种好，三分在农机，七分在农机手，农机手在播种过程中要保证均匀播种，一是行走速度要匀速，中途不随便停车，保证下种均匀。二是行距要均匀，目前北京市一般机械条播行距为 15 cm，播前要检修好播种机，保证行间距均匀一致。三是不重播、不漏播，掉头回播时要保证并垄距离与行距尽量一致，播种过程中要监控好下种管，保证下种通畅，做到不重播、不漏播。重播、漏播及播种质量较好地块示例，如图 21 至图 23 所示。

图 21 播种接垄不好造成重播堆苗   图 22 漏播及并垄造成缺苗

图 23 播种质量较好地块

5. 播后镇压

播后镇压是一项重要的保全苗措施，可起到破碎土块、盖严种子、保墒提墒的作用，有利于出全苗。但不同情况要区别对待，以防镇压带来不利影响。主要技术要点：土壤表墒较干、播种深度合理（4～5 cm）及未采用压轮播种机播种的地块播后要进行镇压，特别注意镇压时间要适宜，压干不压湿，在播后地表见干时镇压，防止过湿镇压压僵地表。压轮播种机播种，有明显播种沟及播种深度超过 6 cm 的地块，建议不采取镇压措施。

6. 科学浇出苗水

春玉米及青贮玉米地块，由于收获早、农时够，若播前耕层土壤水分低于 17%，要浇水造墒，浇水时间和水量应以不影响适时整地和播种为前提。

前茬为收获籽粒夏玉米的地块，由于农时紧张，难以浇底墒水，干旱年份一般以浇出苗水为主，浇出苗水要解决好土壤板结与出苗的矛盾，渠灌的麦田由于浇水量足，出苗时不易形成板结，可正常出苗。喷灌麦田，水量小经常会出现板结从而影响出苗现象，一般小麦播后墒情不能保证出全苗的，要喷灌 3～4 小时，最好做到不形成板结，湿土出苗，如果出苗前形成板结，要及时补喷二次水，确保湿土出苗。播后出苗前遇雨形成板结的麦田，也要采用补水保证湿土或用耙磨破除板结的方法，保证出全苗。

二、轻简化肥水管理技术

（一）返青期一次追施缓释尿素技术

由表 11 得出结论，返青期一次追施缓释尿素提高了分蘖成穗率，亩穗数增加导致产量提高，缓释尿素较普通尿素有一定的增产效果，在不同的地块增产效果不一样，房山区窦店镇窦店村试验点地块肥力较高，缓释尿素持续供应养分的效应表现较小，而在房山区石楼镇二站村土壤肥力较低的地块，缓释尿素表现出了肥料供应的持续性，增产幅度相对较大。

表 11　返青期一次追施缓释尿素对小麦产量的影响

地点	处理	亩穗数（万穗）	穗粒数（粒）	千粒重（g）	产量（kg/ 亩）	增产幅度（%）
窦店村	缓释尿素	61.4	24.5	38.6	580.7	4.5
	普通尿素	58.7	24.4	38.8	555.7	—
二站村	缓释尿素	50.3	26.9	35.8	484.4	11.3
	普通尿素	46.8	26.2	35.5	435.3	—

　　由表 12 得出结论，返青期一次性机播缓释尿素，亩增加肥料投入 18 元，但减少人工投入 30 ~ 40 元 / 亩，亩成本并没有增加，加上增加产量带来的效益，缓释尿素处理每亩节本增效在 100 元左右，可作为一项简化栽培技术推广应用。

表 12　返青期一次追施缓释尿素与普通尿素效益比较

地点	处理	物质成本（元 / 亩）					亩人工（元）	亩成本（元）	亩产（kg）	售价（元 /kg）	亩产值（元）	亩利润（元）	亩节本增效（元）
		种子	化肥	农药	农机	水电							
窦店村	缓释尿素	54.0	192	14.7	170	72.4	100	603.1	580.7	2.6	1509.82	906.72	113.0
	普通尿素	54.0	210	14.7	170	72.4	130	651.1	555.7	2.6	1444.82	793.72	—
二站村	缓释尿素	76.2	176	12.5	165	65.8	105	600.5	484.4	2.3	1114.12	483.62	134.9
	普通尿素	76.2	158	12.5	165	65.8	145	622.5	435.3	2.3	1001.19	378.69	—

（二）抗旱节水栽培技术

1. 冬前科学浇灌越冬水

　　北京地处北部冬麦区的最北边，常年小麦越冬期降水量在 10 mm 左右，科学浇灌越冬水是保苗安全越冬的基本措施，越冬水适宜的浇灌时间为 11 月下旬，浇水量为 40 cm³/ 亩。

2. 冬季镇压抗旱保苗

建议采取冬初和冬末镇压措施保苗安全越冬，冬初镇压于 12 月上中旬实施，起到破碎土块、弥缝保墒的作用；冬末镇压于 2 月中下旬实施，起到沉实土壤、提墒保墒、抑制干土层发展的作用。

3. 春季因苗因墒节水灌溉

冬前总茎数达到或超过 90 万 / 亩的麦田，返青期若墒情适宜则不进行肥水管理，在小麦拔节期（4 ~ 5 叶）进行肥水管理，一般拔节期亩追尿素 15 kg 左右，亩浇水 40 cm³，灌浆期浇 30 cm³/ 亩的灌浆水，全生育期采取 "443" 灌水模式，全生育期亩灌水不超过 110 方的节水管理技术。冬前总茎数不足 90 万 / 亩的麦田，春季应采取返青（1 ~ 2 叶）期亩追尿素 10 kg 左右，亩灌水 20 cm³ 左右，拔节（5 叶）期亩追尿素 10 kg 左右，亩灌水 30 方左右，灌浆期亩灌水 30 方左右，全生育期采取 "4233" 灌水模式，全生育期亩灌水不超过 120 cm³ 的节水管理技术。这种灌溉方式，比以前传统的方式每亩可以节水 50 cm³。

（三）喷灌水肥一体化技术

北京小麦生产中移动喷灌应用比例高，以北京主栽品种农大 212 为材料进行水肥一体化试验研究（表 13）。

由表 13 可以看出亩施纯氮 15 kg，底肥亩施 50 kg 复合肥（15：20：10），折合氮 7.5 kg；追施纯氮 7.5 kg，追施的处理分返青和拔节两次施，返青期追氮 40%（尿素 6.5 kg/ 亩），拔节期追氮 60%（尿素 9.8 kg/ 亩）；磷钾肥为 10 kg 和 5 kg，全部底施。

表 13　试验设计

编号	处理	纯氮用量（kg/ 亩）
N1	不施氮	0
N2	底施氮	15
N3	底施氮 + 追氮（喷施）	7.5+7.5
N4（CK）	底施氮 + 追氮（撒施）	7.5+7.5

1. 试验结果

（1）小麦生育期比较

9 月 29 日播种后，各处理冬前至返青生育时期一致，但从起身期开始，不施氮和底施氮的处理较底施＋追氮（撒施）CK 处理生育期提前 1 ~ 2 天，底施＋追氮（喷施氮）的推迟 1 天（表 14）。

表 14　不同氮肥施用对小麦生育期的影响

处理	起身期	拔节期	挑旗期	抽穗期	开花期	成熟期	全生育期（天）
不施氮	3 月 29 日	4 月 12 日	4 月 26 日	5 月 2 日	5 月 6 日	6 月 16 日	260
底施氮	3 月 31 日	4 月 13 日	4 月 27 日	5 月 3 日	5 月 7 日	6 月 17 日	261
底施氮＋追氮（喷施）	4 月 1 日	4 月 15 日	4 月 28 日	5 月 5 日	5 月 9 日	6 月 19 日	263
底施氮＋追氮（撒施）CK	4 月 1 日	4 月 14 日	4 月 27 日	5 月 4 日	5 月 8 日	6 月 18 日	262

（2）群体变化

从表 15 得出结论，在基本苗一致的前提下，冬前茎施氮的处理较不施氮的处理平均增加 5.4 万穗 / 亩，平均增幅 5.3%；返青茎和拔节茎追施氮肥后，追氮的处理亩总茎数明显较不追氮的处理增加，以喷施追氮的处理增加最多，分蘖成穗率最高，亩穗数最多为 54.7 万穗，较不施氮、不追氮和撒施追氮的处理分别增加 5.7 万、3.4 万、1.0 万穗 / 亩，追施氮肥保孽成穗效果明显，以喷施追氮效果最好。

表 15　不同施氮量对小麦群体的影响

处理	基本苗	冬前茎（万穗/亩）	返青茎（万穗/亩）	起身茎（万穗/亩）	拔节茎（万穗/亩）	拔节大茎（万穗/亩）	亩穗数（万穗）	分蘖成穗率（%）
不施氮	30	102.2	108.7	142.3	110.3	82.4	49.0	34.4
底施氮	30	106.5	116.2	144	124.7	85.3	51.3	35.6

处理	基本苗	冬前茎（万穗/亩）	返青茎（万穗/亩）	起身茎（万穗/亩）	拔节茎（万穗/亩）	拔节大茎（万穗/亩）	亩穗数（万穗）	分蘖成穗率（%）
底施氮＋追氮（喷施）	30	106.8	116.8	146.3	133.0	87.6	54.7	37.4
底施氮＋追氮（撒施）	30	109.5	118.8	148.9	130.7	86.2	53.7	36.1

（3）个体变化

从表16得出结论，追施氮的处理株高、基数第1茎节长、第2茎节长、穗长、总小穗数较不施氮和不追施氮的处理增加明显，不孕小穗数有所减少，不施氮会影响小麦穗部发育；但喷施追氮与撒施追氮两种处理相比，株高、基部第1茎节长、第2茎节长、穗长、总小穗数和不匀小穗数差异不大。

表16 不同施氮方式对小麦个体的影响

处理	株高（cm）	基部第1茎节长（cm）	基部第2茎节长（cm）	穗长（cm）	总小穗数（万穗）	不孕小穗数（万穗）
不施氮	80.4	5.7	8.9	8.5	15.5	1.8
底施氮	80.6	6.4	9.0	8.8	16.0	1.8
底施氮＋追氮（喷施）	83.8	7.3	9.5	8.9	16.7	1.4
底施氮＋追氮（撒施）CK	83.5	7.3	9.4	8.7	16.5	1.5

从表17得出结论，喷施追氮的处理产量因素协调，亩穗数分别较撒施追氮、底施氮和不施氮处理增加1.0万、3.4万和5.7万穗，穗粒数增加1.2粒、1.5粒和2.3粒，千粒重增加0.3 g、0.8 g和1.5 g，亩产增加7.1%、14.8%和26.2%，与其他3个处理差异显著。

表 17　不同施氮量对小麦产量的影响

处理	亩穗数 （万穗）	穗粒数 （粒）	千粒重 （g）	产量 （kg/亩）
底施氮＋追氮 （喷施）	54.7aA	28.6aA	39.7aA	527.9aA
底施氮＋追氮 （撒施）CK	53.7bB	27.4bB	39.4abA	492.8bB
底施氮	51.3cC	27.1bB	38.9bAB	459.7cC
不施氮	49.0dD	26.3cC	38.2cB	418.4dD

注：小写字母表示 5% 水平差异显著，大写字母表示 1% 水平差异显著。

（4）小麦对氮肥的利用分析

由表 18 得出结论，在磷钾肥底施且用量一致的情况下，采用底施＋喷施氮处理氮肥利用率为 32.58%，较传统底施＋撒施处理提高 15.9%，其中春季追氮提高 24.9%。土壤氮贡献率，喷施处理最低，为 61.59%，较撒施氮处理降低 5.3%。氮素收获指数，喷施氮处理较撒施氮处理提高 7.1%。

表 18　不同施氮方式下氮肥利用效果

处理	测定 全氮 （%）	亩生物 产量 （kg）	籽粒 产量 （kg）	茎叶 产量 （kg）	亩植株 含氮量 （kg）	氮肥 利用率 （%）	追施氮 肥利用 率（%）	土壤 氮贡 献率 （%）	氮素 收获 指数 （%）
不施氮－茎叶	0.5	817.81	418.4	399.41	7.84	—	—	—	74.3
不施氮－穗	1.39								
底氮－穗	1.32	934.17	459.7	474.47	8.74	12.07	—	89.65	69.32
底氮－茎叶	0.57								
撒氮－穗	1.37	1349.48	492.8	856.68	12.06	28.12	16.05	65.01	55.86
撒氮－茎叶	0.62								
喷氮－穗	1.44	1283.26	527.9	755.36	12.72	32.58	20.05	61.59	59.82
喷氮－茎叶	0.68								

（5）喷灌施肥节本增效分析

春季一般浇水施肥 2 次，每次浇水按 4 小时计算，1 天 8 小时可完成 10 亩（喷枪直径 18 m × 12 个喷枪，喷枪间距 11 m × 18 m/ 亩 × 2 次）地浇灌，100 亩地 10 天浇完。传统浇水施肥至少 1 个人撒肥、1 个人倒灌，喷灌施肥 1 个人可实现浇水施肥，喷灌施肥亩节约 1 个人工，10 天可节约 10 个人工，春季 2 次浇水施肥可节约 20 个人工，100 亩地平均亩节约 0.2 个人工，折合亩节约 20 元人工费。

采用喷灌施肥技术，氮肥利用率较传统撒施提高 15.9%，若亩施纯氮 15 kg，喷灌施肥可节约纯氮 15 × 15.9%=2.4 kg，相当于 5.2 kg 尿素，尿素市场价 2.0 元 / kg，亩肥料投入节约 10.4 元。

喷灌施肥处理亩产 527.9 kg 较传统撒施追肥亩增产 35.1 kg，亩增收 35.1 kg × 2.36 元 / kg=82.8 元。

综上分析，喷灌施肥平均亩节本 30.4 元，亩增收 82.8 元，合计亩节本增效 113.2 元。

（6）喷灌施肥氮肥利用讨论

喷灌浇水施肥，尿素随水很快分布在土壤各层，扩大了肥料在土壤中的立体分布，便于小麦根系吸收，减小了碱解氮 NH_4^+ 转化为硝态氮 NO_3^- 的时间，降低了硝态氮 NO_3^- 在土壤中的淋溶机会。

喷灌追氮下，由于氮素在各层次土壤中分别较均匀，根系吸收多，前期利于增加群体和粒数，后期利于籽粒饱满，使得该处理下小麦产量因素协调，达到了增产效果。这也验证了任德昌等的研究结论"小麦下层根的衰亡速度较慢，上层根的衰亡速度较快"。而喷灌追氮与撒施追氮对小麦根系数量和活力差异等有必要进一步研究。

分析表明，喷灌追氮的处理小麦氮肥利用率为 32.58%，该结果与武金果等的研究（32.2%）及我国平均水平 30% ~ 35%（朱兆良、张福锁 等）一致。

（7）试验结论

喷灌施肥下小麦产量因素协调，较撒施追氮增产 7.1%。喷灌施肥下小麦全生育期氮肥利用率为 32.58%，较撒施追肥提高 15.9%，其中春季追施氮肥利用率提高 24.9%。

喷灌施肥能达到轻简节肥目的，可作为一项轻简高效施肥技术推广应用。

2. 喷灌施肥技术操作规程

① 在喷灌出水端安装溶肥桶和注肥泵（出水量 20 ~ 30 L/min），注肥泵与喷灌管道在出水逆止阀后端连接，注肥管上安装控制开关，随时控制肥液向喷灌管道的输入。

② 喷灌施肥前，在田间装好喷灌设备后，先喷灌浇水 30 min 以上，使喷水呈正常状态。

③ 在执行步骤 ① 的过程中，将按地块面积大小计划施入的尿素溶解在化肥池中。

④ 待喷水 30 min 各喷头喷水正常后，打开注肥泵电机开关和注肥管上的控制开关，将溶解好的肥液注入输水管道，使肥液随水喷到麦田。

⑤ 肥液喷完后，继续喷水 30 min 以上，冲洗管道和小麦叶片，使肥液完全淋到土壤里，以免附着在叶片发生烧苗现象。

3. 喷灌施肥技术优点

① 解决了小麦拔节期无法机械化追肥的问题，实现了小麦全程机械化施肥。

② 氮肥溶解后直接浇灌到小麦根部，吸收见效快。

③ 减少了撒施造成的挥发损失，提高了肥料利用率。

④ 节约人工成本，一个人即可实现浇水施肥。

⑤ 解决了少量肥料撒施不匀不好追施的问题。

⑥ 设备成本低，简便实用。

4. 喷灌施肥技术推广前景

目前，北京小麦灌水方式中，喷灌占 80% 以上，该技术借助现有半固定式喷灌设备，只在喷灌前端安装溶肥桶和注肥泵即可实现喷灌施肥，应用前景广阔。2014 年，在北京市粮经作物创新团队的示范推广下，房山、顺义有 18 个百亩以上的种粮大户应用了喷灌施肥技术，平均亩增产 56.4 kg，增产 10.4%，亩节本增效 165 元。截至 2016 年年底，北京 4 个小麦种植面积较大的区（顺义、通州、房山和大兴）种麦大户均应用了该技术，面积达 3 万多亩。北京借助现有喷灌设备，带动小麦生产走上了水肥一体化道路。

三、高质量繁种技术

北京市科研院所云集，育种力量雄厚，多年来是北部冬麦区的种源供给中心，高质量繁种，生产符合国家标准的种子是保障小麦生产高质高效的基本措施，繁种过程中应注意以下要求。

① 选择市场需求量大、抗逆性强、适应范围广的新品种。用于繁种的小麦种子必须达到小麦原种（生产良种）或良种（生产大田生产用种）的要求。原种的种子质量：纯度 ≥ 99.9%，净度 ≥ 99%，发芽率 ≥ 85%，水分 ≤ 13%；良种的种子质量：纯度 ≥ 99.0%，净度 ≥ 98%，发芽率 ≥ 85%，水分 ≤ 13%。

② 适期适量播种，科学实施田间管理，争取高产。及时去杂，抽穗期根据品种的株高、穗形、穗色、芒的长短等主要性状，拔除混入本品种的其他植株。蜡熟期进行第二次去杂，拔除遗漏的杂株、病株、劣株。去杂应整株拔除，不宜剪、割穗，以防遗漏穗层以下的杂穗。去杂结束后，应请种子质量检验部门人员，按照品种标准，逐块检查验收。不达标的地块（杂株率大于 2‰）重新返工去杂，直至达标取得种子管理部门发放的田间检验合格证。

③ 蜡熟到完熟期收获，收获后要确定专场堆存、晾晒。在水泥地上晾晒不宜摊得太薄，并要勤翻，以防烫坏麦种。种子晒干后要单独存放，防止场院上的机械混杂。晾晒清选完毕后按要求包装，包装袋内要有种子标签，入库存放或销售。

四、问题解答

（一）北京地区能种强筋小麦吗？

答：根据我国小麦种植区的划分，北京市属于北部冬麦区，是适合种强筋小麦的区域，因此，北京适合种强筋小麦。

（二）北京种冬小麦的最晚时间是什么时候？

答：北京一般 9 月 25 日至 10 月 5 日是适宜的播种期，如果晚播，播量一定要加大，最晚到 10 月底都可以播种，但是肯定会影响产量。播期晚于 10 月 10 日不利于小麦分蘖，冬前群体小，产量低。因此，为了高产还是要适期播种。

（三）小麦蚜虫对产量影响大吗？抽穗以后怎么防治比较好？

答：蚜虫在北京每年都会发生，是必须要防治的害虫。害虫一般是在 5 月 15—20 日防治，结合后期的"一喷三防"，即结合蚜虫防治，喷施叶面肥、杀菌剂，起到增强叶片光合作用，提高粒重、防治害虫达到综合的目的，因此，蚜虫一定要防治。

（四）小麦抽穗扬花时能进行喷灌吗？

答：扬花时最好不要喷灌，因为这时候浇水会使诱发赤霉病等病害的病菌进入小麦颖壳内，引发赤霉病等一些病害的发生，造成减产。

食用菌生产基础理论与发展建议

● 专家介绍

胡晓艳，博士研究生学历，正高级农艺师。就职于北京市农业技术推广站食用菌科，从事食用菌栽培技术试验示范推广工作。

主持和参与食用菌相关科技项目 20 余项，先后开展了双孢菇制种、秀珍菇、鲍鱼菇、大杯伞等耐高温食用菌的引进栽培、平菇香菇高产创建、农民培训等工作。

目前，重点进行平菇类食用菌优良品种引进筛选、高效栽培技术，休闲栽培模式及产品研发等工作。获省部级奖项 5 项，第一完成人专利授权 3 项，参与制定或修订地方标准 3 项，主编或参编书籍 12 部，以第一作者发表食用菌科技论文 17 篇。

课程视频二维码

一、食用菌生产基础理论及常见食用菌介绍

（一）食用菌生产基础理论

1. 食用菌概述

食用菌既不是动物，也不是植物，而是一种微生物，是一种大型可食真菌，俗称菇、菌、蕈、蘑等。全世界已发现真菌25万种，其中1万多种大型真菌，可食用的有2000多种，但目前仅有70多种可以人工栽培。我国是世界上食用菌种类最多的国家之一，发现有使用价值的有720多种，广泛栽培生产的有20多种。

我国食用菌规模化生产历史较短，仅三四十年的时间。20世纪70年代，我国商业化规模栽培的食用菌只有黑木耳、香菇、双孢蘑菇3种；目前已发展为20多种，从产量上看，排名前3位的菇种为香菇、黑木耳和平菇。

我国近代的食用菌产业发展起源于福建、浙江等南方省区，随着经济的发展，从20世纪90年代中期开始，南菇北移已经成为不可阻挡的发展趋势。近年来，北方产业大省河北、山东、河南、黑龙江等地增幅一直大于福建、浙江等南方老产区。

2. 食用菌的价值

（1）营养价值

高蛋白（干物质中蛋白质平均含量为25%，与牛奶相当）、低脂肪、低胆固醇（干物质中平均含量为4% ~ 8%，且大部分为非饱和脂肪酸），维生素、矿物质丰富；核酸含量较高。

（2）药用价值

我国对食用菌的药用研究和利用历史悠久，《神农本草经》《本草纲目》等书都有记载。民间食用菌药用方法更为多样，仅现在广为人知的就有马勃止血、云芝保肝、木耳清毒、银耳养颜、灵芝延年、虫草益寿等数十种。

（3）生态价值

绿色植物能够进行光合作用，属于自养的一种生物，作为大自然的生产者，人和动物吃绿色植物获得能量；作为消费者，食用菌把农林牧业废弃物转化为优质蛋白供人和动物食用，它在整个自然界作为还原者

存在，具有很高的生态价值。

3. 食用菌生长的环境条件

食用菌生长的环境条件包括温度、湿度、空气、酸碱度（pH 值）、光照、微生物。

（1）温度

温度是影响食用菌生长发育的重要因素之一，每种食用菌都有其温度三基点。温度三基点是指最高生长温度、最适生长温度、最低生长温度。不同食用菌有不同的温度三基点，同一种食用菌的不同发育阶段对温度的要求也不同。

1）食用菌生长发育时期对温度需求的规律

根据生长发育时期，食用菌需要的温度是从高到低的过程，孢子萌发 > 菌丝体生长 > 子实体发育。

2）菌丝体对温度的需求

耐低温：菌丝体在 -30 ℃ 不死亡（除草菇，草菇是比较典型的高温型菇种，菌丝体不耐受比较低的温度）。

喜适温：大多数食用菌的最适发菌温度在 25 ℃ 左右。

怕高温：多数食用菌在 40 ℃ 以上持续几个小时就会造成菌丝体死亡。

3）温度对子实体的影响

食用菌作为微生物，对温度响应特别敏感，包括原基的形成，从菌丝生长到生殖生长阶段，受温度影响特别大，有的需要一定的温差刺激。对子实体品质、子实体颜色的影响，一般情况下，温度低时，蘑菇肉比较厚，口感吃起来比较紧实；温度比较低时，子实体的颜色比较深，尤其是灰黑色品种的平菇，15 ℃ 以下颜色比较深，15 ℃ 以上颜色就会变浅。

根据不同品种子实体分化时对温度的不同要求，可将食用菌大致分成 3 种类型：① 低温型：子实体分化最高温在 24 ℃ 以下，最适温在 20 ℃ 左右，如双孢菇、金针菇、平菇、香菇、猴头菇等。② 中温型：子实体分化最高温在 28 ℃ 以下，最适 20 ~ 24 ℃，如白木耳、黑木耳、大肥菇等。③ 高温型：子实体分化最高温在 30 ℃ 以下，最适 24 ℃ 左右，如草菇、灵芝、长根菇等。

根据食用菌不同的温型，在生产上安排不同的茬口，低温型的一般在秋冬季进行栽培；中温型的一般在春秋季进行栽培；高温型的一般在春末或者夏初，温度比较高时进行栽培。在北京地区 7 月、8 月，温度基本都超出了常见食用菌的最适温度范围，所以在 7 月、8 月种植食用菌要采取一些控温措施，才能实现其正常的生长发育。

根据子实体对变温刺激的反应，把食用菌分为两种类型：① 恒温结实型：温度保持恒定不变可以形成子实体，如白蘑菇、黑木耳、草菇、猴头等。② 变温结实型：温度保持恒定不变，不能形成子实体，只有变温才能结实，如香菇、平菇等，一般用 8 ~ 10 ℃温差的低温刺激。

（2）湿度

1）培养基质含水量

拌料时的含水量一般为 60% ~ 65%。含水量的简易判断方法是拌好料后，抓起一把料握紧，指缝有水渗出，但不成线状流出，一般含水量为 60% 左右。

2）空气湿度

食用菌里的水分大部分来源于培养料，空气湿度的主要作用是维持正常的生长环境，空气湿度过低菌种或菌棒易干缩，过高易引发污染。菌丝生长阶段空气湿度控制在 75% 以下，出菇阶段空气湿度控制在 85% ~ 95%。

3）空气

食用菌是好氧型的真菌，在出菇阶段需要比较充足的氧气，在菌丝体生长期和子实体分化期，也就是出菇前期，对氧气的需求量相对比较低，通风量不用太大，但是在子实体生长发育过程中，出菇后需要的氧气量相对比较高，在生产中要进行通风管理。如果通风好，子实体长得快、菌丝比较壮、不易生病虫害；如果通风比较差，容易造成畸形菇。菌丝弱，易生病虫害。

4）酸碱度（pH 值）

酸碱度一般在拌料时用石灰或 10% 的 NaOH 等来调节。酸碱度一方面影响酶的活性；另一方面影响细胞的透性。

通常情况下，菌类最适合的 pH 值在 3.0 ～ 8.0。根据不同的食用菌有所不同，大多数食用菌喜欢偏酸性的生长环境，适应 pH 值在 5.0 ～ 6.5。草菇比较喜欢偏碱性的生长环境，适应的 pH 值在 7.5 左右。猴头菇比较喜欢酸性的生长环境，适合的 pH 值在 4.0 左右。

（5）光照

食用菌不含叶绿素，菌丝体生长完全不需要光照，在黑暗条件下生长良好。光线强，菌丝体生长慢，尤其是直射光对其生长不利。但在子实体分化和生长时期多数需要散射光，黑木耳还需要一定的直射阳光，不同的食用菌对光照强度的要求不同。

菌丝体生长阶段需要黑暗的环境。子实体生长阶段根据不同类型的食用菌，需要的光照是不同的，主要分为 4 类：① 完全黑暗：如双孢蘑菇、大肥菇。② 耐阴种类：滑菇、猴头菇、金针菇。③ 中间种类：香菇、平菇、草菇、银耳。④ 阳性种类：木耳、灰树花、灵芝。

（6）微生物

食用菌本身就是一种微生物，在它的生长过程中伴随着其他微生物的生长，对其生长有所影响，在这些微生物中有些对食用菌是有益的，有些是有害的。

① 有益的微生物在生产上可以进行应用。第一，制作发酵料。例如，养殖平菇制作发酵料的时候，培养放线菌，有利于抵抗其他杂菌；用很多微生物发酵的作用来制作发酵料，利用了微生物的有益作用。第二，有的微生物与食用菌伴生。例如，银耳与香灰菌伴生，它们两个之间有互惠互利的作用，促进食用菌的生长。第三，有些微生物有促进出菇的作用。例如，有些覆土栽培的食用菌，土壤中的微生物种群相对是非常丰富的，如双孢菇、鸡腿菇等，要出菇的时候进行覆土，覆土其中一个的原因就是利用土中微生物刺激出菇。

② 对食用菌有害的微生物也有很多。第一，造成食用菌培养料的杂菌污染。通常所说的"杂菌"是指细菌、霉菌、酵母菌等造成的污染，这些杂菌会和食用菌争夺生长条件及养分，导致正常的菌丝体无法生长，这些就是培养料的有害微生物。第二，有害微生物使食用菌感染病害，很多是

因为杂菌造成的侵染。例如，平菇黄斑病，就是有害微生物的侵染。

4. 食用菌的分类

按营养类型划分为腐生性、寄生性和共生性 3 种类型。

（1）腐生性食用菌

腐生性的菌类相对较多。商业性栽培的食用菌几乎都是腐生性菌类。

腐生性的食用菌分为木腐、草腐、土生 3 种类型。① 木腐型：主要生活在枯立木、树桩、倒木、断树枝上，如香菇、平菇、黑木耳、茶树菇等。② 草腐型：多生活在腐熟堆肥、厩肥、腐烂草堆及有机废料上，如草菇、双孢菇、巴西菇。③ 土生型：是以土壤中的腐烂树叶、杂草、朽根为营养源，分布在林地、草原、牧场、肥沃的田野中，如羊肚菌、竹荪。

（2）寄生性食用菌

寄生性食用菌是生活在活的有机体上，从活的寄主细胞中吸收营养而生长发育的食用菌。① 蜜环菌，属于兼性寄生菌，既能在枯木上腐生，也能和兰科植物天麻共生（图1）。② 冬虫夏草，属于弱寄生菌，秋季寄生于蝙蝠蛾的幼虫体上，致使虫体死亡，然后营腐生生活，靠虫体营养完成生活史（图2）。

图 1　蜜环菌　　　　　　　　　图 2　冬虫夏草

（3）共生性食用菌

共生性食用菌是指能与高等植物、昆虫、原生动物或其他菌类相互依存、互利共生的食用菌。目前还不能完全人工栽培。

松口蘑、块菌（松露）、美味牛肝菌等菌根菌与高等植物共生，菇类菌丝包围在树根的根毛外围，一部分菌丝延伸到森林落叶层中，取代根毛，从土壤中吸收水分和养分供给菌丝体和植物，并能分泌物质刺激植物根系生根，菌根菌则从树木中吸收碳水化合物。

（二）常见的食用菌

常见的食用菌有平菇、香菇、毛木耳、黑木耳、银耳、金针菇、杏鲍菇、白灵菇、鸡腿菇、茶树菇、真姬菇、滑子菇、栗蘑、鲍鱼菇、猴头菇、大杯伞、秀珍菇、双孢菇、草菇、榆黄菇、蛹虫草、竹荪、灵芝、羊肚菌、黑皮鸡枞等。

1. 猴头菇

用猴头菇为原材料制成的药品叫猴菇片，具有养胃和中的功效，用于胃、十二指肠溃疡及慢性胃炎的治疗（图3）。

图3　猴头菇

2. 榆黄菇

榆黄菇，含蛋白质、维生素和矿物质等多种营养成分，其中氨基酸含量尤为丰富，且必需氨基酸含量高，属高营养、低热量食品（图4）。

图4　榆黄菇

3. 黑皮鸡枞（长根菇）

黑皮鸡枞具有益智健脑、延缓衰老、提高心脏的功能（图5）。

图5 黑皮鸡枞（长根菇）

二、北京市食用菌生产现状与主要生产模式

（一）北京市食用菌生产现状

北京市食用菌生产经历20世纪70年代的初步启动、80—90年代前期的快速发展和90年代后期至2010年的飞跃发展，栽培种类、生产规模和生产设施均有了巨大的变化。

2010年，北京市食用菌生产总量达到16.2万吨，为近年来的峰值，后因生产政策、种植结构调整及从业人员流动等诸多原因，生产总量及生产规模呈逐年下降趋势，但生产种类增加、生产功能拓宽，目前北京市的食用菌生产正处于由一产向三产融合方向发展的转型阶段。

自2011年以来，平菇一直是北京地区栽培量和产量最大的菇种；其次为工厂化生产的海鲜菇、金针菇、杏鲍菇、蟹味菇等。

不同菇种的生产区域：平菇主要集中在房山区、延庆区和顺义区。灰树花（栗蘑）、金针菇主要在昌平区。黑木耳主要在密云区。海鲜菇、茶树菇主要在通州区。近两年，特色菇种羊肚菌、大球盖菇的发展势头较好，大兴区、顺义区、密云区、房山区等多地进行了试验示范种植，取得了较好的经济效益。

（二）食用菌的主要生产模式

① 日光温室，生产季节主要为秋、冬、春三季。根据不同季节选择不同温型的品种、利用不同的栽培模式也可进行周年生产。

② 春秋大棚，以夏秋茬口生产为主。

③ 林地拱棚或简易棚，以夏秋茬口生产为主。

④ 专用菇房，主要用于双孢菇、草菇的生产，通过调温措施，可周年生产。

⑤ 工厂化生产：自动化程度高，生产环境全程可控，可周年生产且单位面积产量高。主要生产菇种种类包括海鲜菇、金针菇、杏鲍菇、蟹味菇等。

⑥ 露天生产模式，主要是黑木耳种植。

三、食用菌生产工艺流程

食用菌生产工艺流程包括做菌种、做菌棒、发菌管理、出菇管理和采收等方面。

（一）做菌种

菌种分为母种、原种和栽培种三级，母种可以从市场上购买，也可以直接买原种和栽培种，另外还可以进行组织分离制作菌种（图6）。

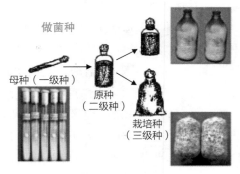

图6 做菌种

市场上一般用试管制作母种，也可叫作试管种；原种一般用瓶装的比较多；栽培种有的用袋有的用瓶。现在除了常见的几种菌种形式，还包括颗粒菌种、胶囊菌种、液体菌种等。

（二）做菌棒

利用原材料进行拌料、装袋、灭菌、接种菌种后，才能发菌，长菌丝，形成可以出菇的菌棒。

做菌棒的原料主要有棉籽壳、玉米芯、木屑、麦麸等，这些都是做木腐菌的原材料。

① 拌料：把原材料进行混合，搅拌，然后把养分、pH 值、水分调整好后进行装袋。有的是人工拌料，有的是拌料机拌料。

② 装袋：有人工装袋和机械化装袋两种。

③ 灭菌：装好菌袋进行灭菌，灭菌有不同的设施，农户一般用自制的灭菌锅，条件好一些的用自制的灭菌灶，还有比较现代化的灭菌柜。

④ 接种：灭菌后冷却到适合接种的温度，一般 30 ℃多，进行接种。菌棒比较少，可以在接种箱里接种，一般生产上量比较大，在接种帐里进行接种。接种要保持相对无菌的环境，避免后期杂菌的污染。

（三）发菌管理

接种后进行发菌，也就是食用菌的营养生长阶段。

（四）出菇管理和采收

发菌后是出菇和采菇的过程，不同菌类出菇管理是有差异的。

香菇出菇前进行开袋，把菌袋整个脱掉，之后降温、增湿催蕾，出菇到一定阶段注水。平菇出菇前也要开袋，与香菇不同，平菇只是菌棒两头或一头开袋出菇。

四、山区、林地与城镇近郊园区发展食用菌的建议

（一）山区发展食用菌的建议

北京地区尤其是北部有不少山区。在山区发展食用菌的有利条件是气候相对冷凉，尤其是北部的延庆，会比南部地区低几度，这几度对食用菌生产来说是至关重要的。食用菌喜欢比较冷凉的环境。不利条件是有些山区相对来说交通运输比较困难，劳动力等比较缺少。

根据有利条件和不利条件，建议山区发展干鲜两便型和省工型食用菌生产。可以选择黑木耳、香菇、竹荪、栗蘑、羊肚菌、大球盖菇等菇种。

① 椴木生产食用菌，适合有原材料的山区。直接利用木段，钻孔、接菌，进行出菇，能连续出菇三四年。不用年年制作菌棒，是比较省工

的一种（图7）。

图7　椴木生产黑木耳

② 羊肚菌属于土生菌，把菌种直接撒到土里进行覆土，然后出菇，羊肚菌生产比其他制作菌棒的食用菌要省工一些，投入成本也相对较低（图8）。

图8　羊肚菌

③ 有条件的地区，可以做架势香菇。菇比较干，比较硬实，菇质比较好，售价比较高（图9）。

图9　架势香菇

④ 山区可在果树下搭建小拱棚，进行栗蘑、黑木耳、大球盖菇等的生产（图10）。

图 10 果树下种植栗蘑

（二）林地发展食用菌的建议

"十三五"以来，北京持续推进百万亩平原造林工程，发展林下经济成为农业和林业部门关注的热点；结合平原造林，利用林下空间发展食用菌生产，可以缓解农林争地的矛盾；发展一些简易设施生产的种类：黑木耳、香菇、竹荪、大球盖菇等。

① 经济林下进行黑木耳的生产（图 11 ）。

图 11 黑木耳

② 林下搭建小拱棚进行竹荪的生产（图 12 ）。

图 12 竹荪

③ 林下大拱棚、林下小拱棚进行香菇的生产（图 13 ）。

图 13　香菇

（三）城镇近郊园区发展食用菌的建议

现在农业综合园区比较多，有不少有发展食用菌的意愿，发展食用菌从以下几个方面考虑。

① 充分利用区位特点、周边环境。

② 基础设施条件。利用种植蔬菜的大棚进行食用菌生产要注意通风条件，食用菌出菇期通风要求比蔬菜高。

③ 关系网络、销售网络是否健全。提前打通关系网络、销售网络，做订单式的销售比较理想。

④ 人员构成、技术条件。菌类生产相对来说技术门槛比较高，发展食用菌要有专门的技术人员，从专业的角度进行生产管理才能有比较好的效果。

⑤ 关注相关政策。

做好以上几个准备工作后，利用北京地区的区位优势和首都优势，做第一、第二、第三产业融合是比较理想的。

根据已有比较成熟园区的经验，可以做采摘、餐饮、科普、体验。有民俗条件的可以做乡村民宿，重点做采摘和餐饮；还有不少园区有对中小学生的科普教育基地或社会课堂，可以重点做科普和体验（图 14）。

图 14　食用菌科普体验

北京冬季的自然灾害

● 专家介绍

郑大玮，中国农业大学教授，博士生导师。长期从事农业气象、农业减灾、城市减灾、适应气候变化、农业生态治理等领域科研与教学。现任农业农村部防灾减灾专家指导组顾问、北京减灾协会监事长、《中国大百科全书（第三版）》（农业资源环境卷）编委。曾任中国农学会理事、北京农学会副理事长、北京市政府专家顾问团成员等。获省部级科技奖励 10 项、国务院颁发政府特殊津贴、2010 年中国科协授予"全国优秀科技工作者"称号。培养博士生、硕士生各 10 余人。主编科技著作 21 部，以副主编或第二作者身份编写 18 部，参编 30 余部，发表论文 100 余篇。其中《农业灾害与减灾对策》获第四届中国大学出版社图书奖优秀学术著作一等奖。

课程视频二维码

一、北京冬季气候概况

（一）冬季的界定

按照日历，习惯上将 12 月至次年 2 月叫作冬季，但各地气候不同，气候学以日平均稳定在 10 ℃以下为冬季，华南地区无气候学意义上的冬季，青藏高海拔地区全年处于冬季温度。北京地区冬季一般从 10 月末到次年 4 月上旬，共 160 天左右。北京冬季供暖是以日平均气温降到 5 ℃以下开始，时间为 11 月 15 日至次年 3 月 15 日。

（二）气温

北京平原地区最冷的 1 月平均气温为-4 ℃，平均极端最低气温一般是-13 ℃~-15 ℃，历史上北京地区有气象记录的最低温度是-27.4 ℃。北京冬天变暖的幅度要比春夏秋 3 个季节多一些，平均每 10 年提高 0.54 ℃。

（三）最大冻土

北京的冻土厚度平均为 40 ~ 50 cm，北京平原地区历史最大为 1 m。现在一般到 3 月中旬冻土能够化通。

（四）降水

北京冬季降水量平均约为 10 mm，有的年份基本无雪，有的年份有暴雪，2021 年 11 月上旬降雪量达到 20 ~ 40 mm，算是历史上降雪比较大的一年。

（五）大风

冬季是一年四季中风比较大的季节，房山沿永定河、大石河、拒马河谷及高海拔山区风大。但随着全球气候变暖，风力比过去明显减弱。

冬季寒冷的原因主要是太阳高度角低和日照时间短，中国的冬季受西伯利亚—蒙古冷高压控制，比世界同纬度地区更冷。但是最冷的温度不在冬至，虽然冬至接收太阳辐射最少，但之后散热仍然大于吸热，地面温度继续下降，通常在 1 月中旬气温达到最低。

此外，不同区域还会受地形和城市热岛效应的影响。因为城市里边消耗能量多，不光是烧锅炉和供暖，夏天还有空调，城市的楼房和地面吸收热量也比农田多。而郊区农田与河流水分蒸发较多会丧失热量，所以热岛效应也是导致北京市范围内各地温度高低不同的原因。寒潮来的时候会受到山脉阻挡，朝北的一面更冷，朝南的一面背风向阳，就会相对温暖一点。此外，河谷冷空气容易贯穿，山区随海拔高度上升每百米降低 0.6 ℃，低洼地容易积聚冷空气而出现极端低温。

二、低温冻害

（一）植物的低温灾害

低温冻害是北京农业上冬天最常见的气象灾害。2021 年由于秋季雨水太多，机器进不去，小麦被迫晚播，苗比较弱。且在拉尼娜事件的年份容易出现冷冬，所以 2021 年小麦越冬冻害死苗的风险比较大。除了小麦，果树也存在越冬冻害的问题。

1. 抗寒性

不同植物之间差异极大。热带作物在最低气温 5 ~ 10 ℃时即受害，称为寒害。一般把春天和秋天接近 0 ℃突发的低温灾害叫作霜冻，喜温植物在春秋最低温度-2 ~ 0 ℃时会受霜冻害，也不能越冬。霜冻害和冻害这两个概念不一样，发生在冬天较长时间的强烈低温危害叫冻害。耐寒植物主要是越冬的冬小麦及根茬菠菜，能耐零下十几度的低温，果树能耐零下二三十摄氏度，到了春天小麦、菠菜会返青，果树照样萌芽。新疆有一种雪莲，雪莲花在气温 0 ℃以下仍然开花。所以，不同植物之间的抗寒性差别很大，但是超过它们的抗寒能力还是会发生冻害。

2. 耐寒机制

① 植物在深秋经抗寒锻炼后，细胞内会形成保护物质使冰点下降，如不饱和脂肪酸、甘油、氨基酸、盐类等；② 细胞原生质浓缩不结冰，脱水到细胞间隙，回暖融化后被细胞吸收复原；③ 耐寒植物的细胞壁厚且富有弹性；喜温植物的细胞壁薄脆，一旦结冰立即撑破，细胞液外

渗蒸发致死。耐寒植物里有一个特例是大白菜，一般蔬菜的水分含量很大，都不太耐寒，大白菜水分含量占95%～98%，但是非常耐冻，原因是大白菜中间的白菜心是由几十层叶片裹起来的，每两层叶片之间都有一层空气，而空气的导热率很低，所以大白菜要连续3天，最低气温在－5℃以下才能冻透心。如果时间比较短，最多只能把外边的叶片冻枯，里边还是好的。

3. 耐寒植物发生冻害的原因

原因有多种：冬前抗寒锻炼不足、温度过低使原生质冻结、结冰过快导致机械损伤、旱冻交加水分丧失导致早春无法恢复等。

4. 影响因素

① 品种差异：例如，从河北省石家庄市以南引进的小麦品种抗寒性差，在北京难以越冬。② 抗寒锻炼：停止生长前平稳降温、光照充足、墒情适中，植物生育缓慢，光合产物贮存积累，细胞内形成保护性物质。例如，冬前旺长突然大幅降温，即使在暖冬也会死苗。③ 干燥多风，土壤板结裂缝土块多，植株因过分脱水枯萎死亡。④ 播种过浅易受冻受旱，近地面土温昼夜变化剧烈。⑤ 秋播过早或秋季温度过高，冬前幼穗提前分化进入生殖生长（图1、图2）。

图1　不耐寒品种死苗严重　　图2　板结裂缝处死苗较多

5. 防冻对策

① 利用山区冷空气难进易出的有利地形合理布局。② 提高植物抗寒性。例如，选用耐寒品种，适时适深播种，使用抗寒剂。③ 改良小气候。提高整地质量、日消夜冻适时浇冻水、覆盖、镇压、烟幕。果树基

部培土刷白（图3、图4）。

图3　小麦日消夜冻之际浇冻水　　图4　果树冬前培土、基部刷白

（二）动物的低温伤害

1. 变温动物

变温动物冬季会休眠，冬天可以集中把他们放到背风向阳处，鱼类、蜜蜂等都属于变温动物，冬季可以把鱼塘中的鱼捞出，只留下需要留种的公鱼母鱼，春天便可以配种繁殖。

2. 恒温动物

畜牧业的主体是恒温动物，马、牛、羊、猪、鸡、鸭等都是恒温动物，恒温动物能保持体温稳定，但是如果外界非常寒冷，它们的散热量超过产热量，那么时间一长便会无法维持，导致体温下降、组织冻伤或患病。即使没有伤病，也会导致饲料转换率和经济效益的降低。恒温动物体内产热来自饲料与新陈代谢，散热速率取决于环境温差及导热率。同样低温下湿度与风速越大越容易失热。

3. 防冻对策

对于畜舍要堵塞漏洞防风，薄膜覆盖利用阳光加热，适当增加精料，地面保持干燥勤换垫料，重点加温照顾母畜和幼畜。

三、冰雪灾害

冰雪灾害指由水分相变造成的各种低温与机械伤害。例如，雪害、草原白灾、暴风雪、雪障、雪崩、冻雨、冻融、潮塌、凌汛、冰湖溃决、雪盲、冰壳害、冻涝害、掀耸根拔等，主要危害植物、动物、设施、建筑、道路、土壤。

暴风雪：伴随寒潮大风，吹散畜群，阻断交通，牧民称"白毛风"。

草原白灾：积雪过厚且时间过长，牲畜采食困难，因冻饿掉膘甚至染病死亡，以牛最为脆弱。

雪崩：高山春季融雪和地震都可引发，埋没山脚村舍。

雪害：积雪超过 5 个月时小麦不能越冬，导致窒息、发病。早春下雪有危害，厚雪会压垮大棚畜舍及树木。2009 年 11 月上中旬华北暴雪，河北省 3 万个大棚、北京市 7000 个大棚被压垮，其中，北京市大兴区 3000 个。2001 年 12 月 7 日，北京市 1.8 mm 雪融后结冰，因融雪车和交警车被封堵在院内无法处置，全市交通瘫痪。

雪灾对策：大棚畜舍尽量不用竹木结构，雪前需要加固，边下雪边清除。单位和个人要及时处理门前积雪，扫雪车、交警车要提前开出院子。

冰凌：又称雨凇、冻雨、积冰。寒冷潮湿天气通过冷却雨滴，凝结形成透明或毛玻璃状密实冰层。2008 年 1—2 月，南方冻雨造成严重后果，许多高压线塔和通信线塔倒塌，电线垂地，导致供电与通信中断，路面结冰致使交通阻断、林木倒折、大棚和畜舍倒塌。例如，1977 年河北省罕塞坝林场 57 万亩倒折，损失木材 96 万 m^3。

雾凇（树挂）：一般不成灾，但树木的小枝易折，是一种景观资源。

冰凌对策：及时加固、敲冰铲除；利用电阻加热高压线融冰。

凌汛：初冬或早春，由南向北河流的上游流冰在下游堵塞形成冰坝，发生溃决或漫溢成灾，需及时炸冰坝促泄流。

四、雾霾

（一）雾霾的形成

雾：由大量悬浮在近地面空气的微小水滴或冰晶组成，水平能见度降到 1 km 以内，大气湿度达饱和状态呈乳白色。不含污染物单纯的雾属于自然现象，有景观价值。

霾：空气中灰尘、硫酸、硝酸、有机碳氢化合物等气溶胶粒子使大气混浊，水平能见度 0.1 ~ 10 km。相对湿度一般在 60% 以下，如湿度为 80% ~ 90% 通常是雾霾混合。

冬季供暖释放气溶胶粒子多，冷空气过后常出现静稳天气，气候变化和城镇建筑使风速减弱，易形成雾霾污染。

（二）防御对策

源头是控制工业和汽车尾气污染物排放；城市规划通风廊道；植被营建选用能降解污染的刺槐、榆树、柏树、银杏等树种；严重雾霾天气少出门，戴口罩，室内应用空气净化器。

五、大风

大风灾害是因风速过大对动植物、建筑设施和人身造成的伤害。大风的类型有，夏季以局地雷雨大风最为常见，沿海有台风，龙卷风比较罕见，冬季以寒潮大风为主。

大风灾害预警信号分为蓝色、黄色、橙色、红色 4 个等级。其中，蓝色表示 24 小时内可能受大风影响，平均风力可达 6 级以上或阵风 7 级以上；或已受大风影响，平均风力 6 ~ 7 级或者阵风 7 ~ 8 级并可能持续。黄色表示 12 小时内可能受大风影响，平均风力可达 8 级以上或阵风 9 级以上；或已受大风影响，平均风力 8 ~ 9 级或阵风 9 ~ 10 级并可能持续。橙色表示 6 小时内可能受大风影响，平均风力可达 10 级以上或阵风 11 级以上；或已受大风影响，平均风力 10 ~ 11 级或阵风 11 ~ 12 级并可能持续。红色表示 6 小时内可能受大风影响，平均风力可达 12 级以上或阵风 13 级以上；或已受大风影响平均风力 12 级以上或阵风 13 级以上并可能持续。

防御对策：居家时应关门窗，撤掉阳台易坠物品。外出时要警惕高楼坠物、广告牌倒塌、树木倒折，尤其是在风廊中。农村地区要加固大棚、畜舍、帐篷、仓库与其他临建，加强树木的支撑。防火方面要注意森林、草原防火，家庭与公共场所易燃物要及时断电源。交通方面小心慢速行驶，风力特大时停运。牧区要看住头畜，寻找背风处卧倒。

六、气候变化与冬季灾害

（一）为什么冬季变暖还会出现极寒天气？

气候变化具有阶段性和波动性，20世纪80—90年代冬季变暖，但2008年以后拉尼娜事件一度频发。北极加速变暖把极涡挤到两侧，西伯利亚冬季冷高压相对增强。风速减弱致纬向环流削弱，经向环流增强，冬季冷空气易暴发。但现在一般不再出现长寒，气温波动剧烈，寒潮过后通常迅速回暖，冬季平均温度仍偏高。

（二）为什么北方和高原变暖更加突出？

因气体扩散迅速温室效应全球相近，但高纬度高海拔地区加上冰雪消融反照率下降明显，水汽相对增幅也更大。高低纬度之间的温差缩小导致气压差缩小和风速减弱，大风、雷电、冰雹、沙尘暴等灾害减轻，但波动明显。2021年沙尘暴虽然有所反弹，仍明显轻于20世纪60—80年代。

（三）为什么现在冬季降雪增加？

过去以纬向环流为主，冷暖空气交替机会和水汽输送少，冬季十分干燥。现在冷暖波动明显，经向环流增强，水汽输送增多，更容易降雪，人类活动释放的气溶胶也使降水的凝结核数量增多。

（四）冬季变暖的利和弊是什么？

冬季变暖延长了无霜期和植物生长期，有利于活跃冬季经济活动和建筑施工期，减少"猫冬"，节省取暖耗能，但增加了病虫害越冬基数，冷暖波动剧烈使动植物抗寒性降低，同等强度低温下更易受冻。风速减弱可减轻冻害但不利于污染气团扩散稀释。

（五）未来气候将怎样演变？

由于二氧化碳等温室气体继续排放，海洋陆地吸收的二氧化碳和热量不断释放，即使实现碳中和，全球变暖仍将延续相当长时间，减缓与适应都不能放松。